Los
OVNIs
y la
Aviación
Mexicana

Los OVNIs y la Aviación Mexicana

50 años de encuentros con OVNIs en el espacio aéreo mexicano

Carlos Alberto Guzmán Rojas
Alfonso Salazar Mendoza

Grupo Editorial Tomo, S. A. de C. V.
Nicolás San Juan 1043
03100 México, D. F.

1a. edición, octubre 2001.

© Los OVNIs y la Aviación Mexicana
Carlos Alberto Guzmán y Alfonso Salazar Mendoza

© 2001, Grupo Editorial Tomo, S. A. de C. V.
Nicolás San Juan 1043, Col. Del Valle
03100 México, D. F.
Tels. 5575-6615, 5575-8701 y 5575-0186
Fax. 5575-6695
http://www.grupotomo.com.mx
ISBN: 970-666-423-8
Miembro de la Cámara Nacional
de la Industria Editorial No. 2961

Diseño de portada: Emigdio Guevara
Diseño y Formación Tipográfica: Luis Rutiaga
Supervisor de producción: Leonardo Figueroa

Derechos reservados conforme a la ley.
Las características tipográficas y de edición de esta obra
son propiedad del editor. Se prohíbe su reproducción
parcial o total sin autorización por escrito de la editorial.

Impreso en México - *Printed in Mexico*

Contenido

Prólogo 9
Introducción 17

Parte I
50 Años de encuentros de aviones con OVNIs en el espacio aéreo mexicano
El inicio de las observaciones OVNI 23
La década de 1940-50 25
La década de 1950-60 29
La década de 1960-70 45
La década de 1970-80
  Casos Extraordinarios 81
La década de 1980-90
  La Década Perdida 139

La década de 1990-2000
   Un boom de encuentros OVNI 147
El 2000
   ¿Hacia un reconocimiento oficial? 263

Parte II
Los Militares y los OVNIs
Los OVNIs y la Fuerza Aérea Mexicana 295

OVNIs y Helicópteros 327

Parte III
Los Testigos de Élite
Carlos Antonio de los Santos Montiel 349

Enrique Kolbeck 397

Los Autores 421

Dedicatoria de Carlos A. Guzmán R.

A mi amorosísima esposa
María de Jesús

A mi adorado hijo
Hector Alberto

Dedicatoria de ambos autores

A nuestros maestros:

Pedro Ferriz Santacruz
Jorge Reichert Brauer
Ramiro Garza
Antonio Ribera
Juan José Benítez

Prólogo

Nunca he prologado un libro sobre OVNIs pero considero que este libro que tiene usted en la mano, querido lector, es uno de los pocos trabajos valiosos que sobre el tema se han escrito en México. Es un verdadero libro de investigación, hecho en una forma cuidadosa y sobre todo honesta. Porque desgraciadamente nuestro tema, del cual me tuve que retirar públicamente durante algunos años, se presta a una charlatanería de la que pocos se dan cuenta.

Decía mi padre Don Pedro Ferriz Monroy que a la gente le gusta que la engañen. ¡Qué gran verdad! El ilusionismo, la magia, el espiritismo, la brujería, los horóscopos, las profecías, los videntes, tienen millones de seguidores en todo el mundo. Y en esta clasificación han puesto, determinado grupo de aprovechados de la ignorancia humana, al fenómeno de los objetos voladores no identificados.

Imagínese usted cuánto gana diariamente Walter Mercado. En él se conjuntan toda una serie de anormalidades que van desde la falsedad de sus previsiones estelares, hasta una femineidad que por algún resorte oculto y misterioso atrae a las multitudes.

Pero el fenómeno de los adivinos, profetas y videntes no se concreta desgraciadamente a las multitudes ignorantes. Todos sabemos de las relaciones de Nancy y Ronald Reagan con determinados adivinos que eran asiduos de la Casa Blanca. Las locuras de Hitler y sus adivinos tibetanos son bien conocidas. En México sabemos del espiritismo de Don Francisco I. Madero que hasta cartas recibía de su hermano muerto, que por cierto han sido publicadas. Emilio Portes Gil, Ezequiel Padilla y otros personajes de la Revolución Mexicana y Nicaragüense como Augusto Sandino, eran fieles creyentes de estas prácticas, tal como nos lo narra Gutierre Tibón en su libro *Una ventana al más allá*.

Yo asistí a una sesión espiritista convocada por Margarita López Portillo con operadores bien adiestrados que hacían determinados "aportes" en flores de azahar y hasta comulgaban. Me negaron la entrada a otras tenidas semejantes porque según ellos era yo un elemento "negativo".

En ese ir y venir de mis investigaciones, alguna vez en la colonia Narvarte asistimos a un "viaje astral" con varios amigos míos como Bruno Shoebel y Fernando Caballero. Nos tomamos todos de la mano: los miembros del club de "cosmonautas astrales" y nosotros. El que llevaba la voz cantante exclamó conmovido: "¡En este momento comenzamos a elevarnos todos, estamos pasando por la azotea, vemos los tinacos y los cuartos de servicio. Contemplamos maravillados la ciudad. Es una noche hermosísima...!" De pronto el Ingeniero Bruno Shoebel interrumpe y dice: "¡Hemos venido a un experimento al que nos invitó Pedro Ferriz y parece que estamos jugando a los astronautas...!" Obviamente el viaje astral terminó y abortó súbitamente. Nos comenzaron a acusar de que no teníamos fe, de que éramos elementos negativos y un gran etcétera.

Hace pocos meses fuimos invitados a una conferencia múltiple organizada dentro de la Facultad de Psicología. Recuerdo que estuvimos el gran astrónomo mexicano Miguel Ángel Herrera, el director de la revista *Ovni*, el que esto escribe y un "contactado" cuyo nombre desgraciadamente no recuerdo.

¡Imagínense ustedes a un hombre de ciencia, distinguido astrónomo, Miguel Ángel Herrera cuando escuchó las palabras del expositor!

Pese a su carácter científico, y que aquí entre nos es medio intemperante, aguantó a pie firme las "exageraciones" del contactado. La charla del astrónomo Herrera fue sencillamente extraordinaria y para que no me revolvieran con el contactado y los Ovnicreyentes, a pie juntillas, llevé y repartí un pequeño trabajo de unas 30 páginas en donde hablaba yo de

Einstein, la velocidad de la luz, la centuplicación de la velocidad de la luz, de los experimentos de Princeton y Berkeley, de los motores iónicos, de los avistamientos del astrónomo mexicano, director del observatorio de Zacatecas, José A. Bonilla en los que registró, en dos días, el paso por el disco solar de cuatrocientos cincuenta gigantescas naves en forma semilunar en 1883 y otros artículos más de interés.

Esto lo hice para que no me puedan colgar milagritos de lo que no dije.

No cabe duda que en este asunto del fenómeno OVNI dependemos en gran parte los investigadores de la llamada prueba testimonial.

Siempre he pensado que los mejores testigos sobre los OVNIs son: los astrónomos, los pilotos y los astronautas.

De ahí lo valioso de este libro: *Los OVNIs y la Aviación Mexicana*, presentado a la opinión pública y a la historia como una extraordinaria aportación de México, por mis amigos Carlos Alberto Guzmán Rojas y Alfonso Salazar Mendoza.

¡Con qué cuidado y minuciosidad han escrito este libro que se convierte a partir de ahora en un indispensable libro de consulta para historiadores, periodistas e investigadores del fenómeno OVNI!

Por ejemplo, el caso del piloto Carlos Antonio de los Santos Montiel y el del estudiante Rafael Pacheco y el controlador Krestchy en 1976, fueron investigados por nosotros y el testimonio que queda en este libro servirá en lo futuro como una referencia confiable para todos los que se interesan en este asunto.

A Carlos Antonio de los Santos Montiel le perjudicó profundamente su avistamiento. Desgraciadamente el piloto de los Santos Montiel perdió su empleo y le ha costado mucho trabajo recuperarlo. Gracias a su seriedad y pericia volvió a trabajar. Afortunadamente poco tiempo estuvo sin empleo.

Yo le hice una entrevista de una hora por televisión en cadena nacional en el noticiero W TV que pasaba yo en Telesistema Mexicano con Luis Ignacio Santibáñez y Nacho Martínez Carpinteiro. Recibí órdenes de seguir adelante con la entrevista y ese día no hubo noticias excepto la de Antonio de los Santos Montiel.

Lo mismo sucedió con un coronel de la Fuerza Aérea Guatemalteca que ya en territorio mexicano tuvo un avistamiento fuera de lo normal, pues se le presentó una especie de copa que se balanceaba delante de ellos amenazando con chocar en el avión.

Al llegar al aeropuerto de la ciudad de México levantó una acta, y como no tenían pernocta en México regresó a Guatemala. Hablamos a Aviateca a ciudad de Guatemala y pedimos una entrevista con el coronel, ésta fue concedida y a la semana siguiente "me lo prestaron" y otra vez la entrevista duró toda la hora.

En el caso del estudiante de aviación Rafael Pacheco, el número 88, la descripción que se hace en este libro, *Los OVNIs y la Aviación Mexicana*, es exacta, y por su veracidad, un testimonio valioso para saber que un Mundo nos Vigila, pero no sabemos por qué o para qué.

No quiero quitarles a ustedes el placer de recorrer con avidez estas páginas de *Los OVNIs y la Aviación Mexicana*, pero como para muchos de los que viven del fenómeno OVNI y revuelven verdad y mentira, o mejor dicho más mentira que verdad, el libro organiza los avistamientos en México a través de los múltiples vuelos de la aviación mexicana todos los días.

No solamente hay avistamientos en los Estados Unidos o en Europa, también los tenemos en México y en Latinoamérica.

He de agradecerles a Carlos Alberto Guzmán y Alfonso Salazar que con su libro nos devuelven la confianza en la veracidad del ser humano, y que nos renuevan la inquietud sobre este fenómeno de los objetos voladores no identificados que aparecen en los primeros libros de humanidad y parece que se proyectarán hasta bien entrado el futuro.

¡Ya basta de que el fenómeno OVNI se le confunda con la superchería!

¡El investigador serio no confunde el criterio de las mayorías!

Las mentiras empezaron con Jorge Adamski y terminan con el absurdo de creer que las erupciones del Popocatépetl fueron causadas por los OVNIs.

Prólogo

Ahora lector, lo invito a leer este libro. Hace muchos años que en el mundo entero no aparecía un estudio tan profundo y tan veraz sobre dicho fenómeno.

Pedro Ferriz Santa Cruz
México, Enero de 2001

Introducción

Hace algunos años, uno de los jóvenes investigadores más conocidos que estudia el fenómeno OVNI, el español Manuel Caballar, presentó un libro titulado *OVNIS: Testigos de Élite,* referido a los observadores de OVNIs que han sido personal perteneciente a la aviación, testigos que se han llegado a clasificar como personas de altísima credibilidad, basados en sus antecedentes profesionales, ya que éstos, por sus estudios técnicos evidencian el valor de no caer en errores de apreciación, protagonistas indiscutibles que basados en su formación científica y técnica les sería imposible equivocarse y confundir a un Objeto Volador No Identificado con algún fenómeno atmosférico o espacial de los muchos que se suceden en la atmósfera terrestre.

El presente reporte tiene como objetivo el de presentar a los interesados, estudiosos e investigadores del Fenómeno OVNI, una relación cronológica muy amplia que se inicia al final de la década de 1940, para concluir en el año 2000.

Prácticamente abarcamos medio siglo, en donde se hace una recopilación exhaustiva de los casos mexicanos referentes a estos testigos llamados "de élite", un personal extremadamente calificado entre pilotos, controladores de tráfico aéreo, instructores de vuelo, estudiantes de aviación, mecánicos y técnicos en aviación, así como tripulaciones de vuelo y personal adscrito a las labores aéreas de los diversos aeropuertos de la República Mexicana, todos estos testigos para nosotros vienen a representar la prueba irrefutable de la autenticidad del fenómeno OVNI, todos ellos "profesionales del aire", nos han brindado su testimonio invaluable que representa una prueba contundente para la certificación real del fenómeno OVNI en el espacio aéreo mexicano.

Se incluyen también una serie de observaciones que en la ciudad de México se están sucediendo en forma cotidiana, esto es los OVNIs se aproximan a los vuelos de los aviones, existen ya varias decenas de videos que registran el hecho anterior.

Nuestras fuentes de información han sido, en primera instancia, las entrevistas que en forma directa los autores de esta obra han realizado a lo largo de treinta años de investigación; las referencias hemerográficas, han sido una parte también importante, puesto que muchas de estas notas habían quedado olvidadas en los diarios de los años de las décadas de 1950 y 1960; también las fuentes bibliográficas han formado parte de esta obra, se revisaron alrededor de 500 libros sobre el tema, publicados principalmente en México, para la búsqueda e inclusión de este tipo de avistamientos en el aire, realizados por pilotos.

Las dos décadas más sobresalientes de estos primeros cincuenta años, como usted podrá apreciar en esta obra, se centran en los años 1970 y en los de 1990.

En la década de 1970 acontecen dos de los casos mexicanos más importantes que han pasado a ser clásicos de la ufología nacional y mundial: nos referimos a las experiencias de los pilotos Carlos Antonio de los Santos Montiel y Rafael Pacheco Pérez.

El presente reporte se divide en tres partes: en la primera de ellas se abarca por décadas el registro de estos acontecimientos, comprendiendo las primeras observaciones de finales de 1940 y finalizando con los casos ocurridos en el año 2000.

La segunda parte comprende dos capítulos que se refieren: el primero, al encuentro de OVNIs con aviones de la Fuerza Aérea Mexicana y el segundo a OVNIs y helicópteros, procedimos a hacer esta segregación debido a la importancia única que pilotos militares tienen como testigos de estos fenómenos aéreos, o más aún, llamados también fenómenos aéreos anómalos.

Concentramos en un segundo apartado los relatos de encuentros de OVNIs con helicópteros que han sido también clasificados fuera del contenido cronológico, debido a que la mayoría de las observaciones reportadas de éstos han sido derivadas de gente sumamente experimentada que como consecuencia de sus actividades profesionales de periodismo, diariamente acumulan horas de vuelo que le permiten incrementar constantemente su experiencia profesional.

Por último, en la tercera parte de esta obra, se presentan dos entrevistas que nosotros calificamos como históricas, y nos referimos a dos personajes muy importantes dentro de los Testigos de Élite: la primera entrevista es la efectuada al capitán piloto aviador Carlos Antonio de los Santos Montiel, que en su juventud vivió una experiencia increíble que ha pasado a ser uno de los casos clásicos más importantes de la ufología nacional.

En esta entrevista nos revela Carlos Antonio ciertas vivencias que él nunca se había atrevido a contar, derivadas de su experiencia con los OVNIs que magnetizaron y tomaron el control de su avioneta.

La segunda entrevista la consideramos también histórica, puesto que hasta el día en que se llevó a cabo ésta (septiembre de 1999), el controlador de tráfico aéreo Enrique Kolbeck, no había accedido a dar comentarios de su experiencia profesional, relacionada con los fenómenos aéreos anómalos, por lo que el experimentado profesional de la aviación, nos brinda por primera vez sus conclusiones al respecto del fenómeno OVNI.

Esperamos, por lo tanto, que a todos los interesados del fenómeno OVNI, les sea de utilidad el contenido de este estudio, y al mismo tiempo sirva como medio de prueba hacia todos aquellos medios de comunicación masiva en México y a sus integrantes; periodistas, locutores, comentaristas y conductores de diversos programas de radio y televisión que en una u otra forma han dudado de la existencia del fenómeno OVNI.

Encontrarán, por lo tanto, más de un centenar de hombres y nombres que por ningún motivo se prestarían a la falsedad de un testimonio.

Por último los autores de esta obra expresan su agradecimiento infinito a todas aquellas personas que nos confiaron sus testimonios y experiencias de su encuentro con los OVNIs en el espacio aéreo mexicano.

Parte I

50 años de encuentros de aviones con OVNIs en el espacio aéreo mexicano

El inicio de las observaciones OVNI

La década de 1940-50

**PRIMAVERA DE 1949
CUATRIMOTOR INTERCEPTADO POR UN OVNI**

El primer caso ocurrido en territorio mexicano de encuentros de aviones con OVNIs, es el registrado en la finalización de la década de 1940. Este caso se encontró en el libro de *Interceptalos sin Disparar* escrito por Renato Vesco, este famoso investigador italiano nos relata "...En la primavera de 1949 y sobre Tierras calientes MEXICANAS, con los motores funcionando regularmente, y al unísono, un cuatrimotor militar americano transitaba por encima de la península de Yucatán, en dirección a una base de Texas.

"En el vasto cielo vacío no había ni una nube, y en la pesada calma tropical sólo sobresalía un lejano puntito luminoso, sin duda un globo-sonda inmóvil, aproximadamente a la misma altura adoptada por el avión. A medida que se acortaba la distancia, el punto luminoso adquiría contornos más precisos, revelando las características inconfundibles de un platillo.

"¡Atención! ¡Atención! ¡Avisando a todo el personal!, exclamó el comandante a través del interfono... Objeto volante desconocido a 320 grados.

"El disco se halla estacionado en el espacio y a una altitud de 2,500 metros del suelo, rodeado por una ligera capa de vapor o humo blanquecino. Al llegar a una milla del mismo los aviadores se pusieron a observarlo atentamente, esperando discernir cualquier detalle constructivo que comunicar a las autoridades superiores. La esperanza resultó vana.

"Después de efectuar una serie de leves oscilaciones en torno a su eje vertical, como una peonza a punto de detenerse, la misteriosa máquina se puso súbitamente en movimiento casi de perfil y se acercó velozmente al aeroplano.

"El disco enfiló hacia el avión y pasó rozando el extremo del ala izquierda, dando una serie de vueltas vertiginosas alrededor del avión, dejando casi sordos a los tripulantes. El piloto decidió descender en picada para librarse de este juego y parar su descenso a mil metros. El disco siguió al avión y repitió su juego y esta ocasión el disco relucía como un espejo al sol. En esos momento el avión empezó a registrar irregularidades en su funcionamiento, probablemente debido a las fuertes turbulencias ocasionadas por las maniobras del OVNI o probablemente debido a alguna interferencia.

"Bajo estas circunstancia perdieron por completo el control del avión, el capitán ordenó a la tripulación que abandonara el aparato. Una vez ya suspendidos de sus paracaídas, los pilotos observaron con rabia que mientras el aeroplano se precipitaba, el OVNI se elevó en forma vertical."

**23 DE NOVIEMBRE DE 1949
AVIÓN NORTEAMERICANO OBSERVA
OVNI SOBRE BAJA CALIFORNIA**

El piloto de un avión de la "Fuerza Aérea Norteamericana" reportó el avistamiento de una formación de cuatro discos voladores sobre el Estado de Baja California, hacia las 14:45 horas.

Referencia: Project Acuofoe, Aircraft UFO Encounters, de Dominique Weinstein.

La década de 1950-60

OLEADA MEXICANA DE 1950
OVNI SOBRE EL AEROPUERTO DE CHIHUAHUA

Una de las primeras referencias que tenemos de la oleada en México del año 1950, la encontramos en el libro de Antonio Ribera, *Platillos Volantes en Iberoamérica y España*, la nota afirma lo siguiente: "Según un inspector de aeronáutica civil mexicana el cual realizaba un viaje por los estados del norte del país afirmó que el día 3 de marzo calculó que hacia las 3 de la tarde, estando en la ciudad de Chihuahua, fue testigo de la observación de un objeto de forma discoidal el cual presentaba un color amarillento y que por sus conocimientos de aeronáutica estimó que la altura del objeto era de 5,000 metros. Según palabras del mismo inspector, el extraño objeto se mantuvo sin realizar ningún movimiento alrededor de 5 minutos; este avistamiento se realizó en el aeropuerto de la ciudad de Chihuahua, afirmó también que despegaron 2 aviones para tratar de identificar dicho objeto, no pudiendo realizar esta misión. Como dato complementario otras 20 personas fueron testigos de la observación de dicho objeto de forma de disco".

LA ANTERIOR OBSERVACIÓN ES TAMBIÉN RELATADA POR OTRA FUENTE

"Durante la semana del mes de marzo de 1950, se empezaron a tener los primeros reportes sobre el avistamiento de objetos voladores no identificados llamados en el inicio de esa década platos voladores, registrándose la primera de ellas el 4 de marzo, ...oficiales del ejército informaron que vieron un 'disco volador' el día 4 de marzo, y que aviones de caza salieron en persecución de este objeto, sin embargo este disco desapareció con increíble velocidad". (*El Mercurio*, 5 de marzo de 1950).

(NOTA: Durante la década de 1950 el avión caza que poseía la fuerza aérea mexicana para este tipo de misiones era el North American AT-6, avión de motor con hélice, el cual tenía una tripulación de 2 hombres, este tipo de avión fue adquirido por el gobierno de México en grandes cantidades a los Estados Unidos).

MARZO 11 DE 1950
CIUDAD JUÁREZ, CHIHUAHUA

Durante la primera semana del mes de marzo, se empezaron a tener los primeros reportes sobre el avistamiento de objetos voladores no identificados llamados en el inicio de esa década platos voladores, registrándose la primera de ellas el 12 de marzo, afirmándose que se habían recuperado 3 aparatos que habían descendido en la población de Las Palomas.

Paralelamente a este suceso aconteció la siguiente noticia: el general de la Fuerza Aérea de los Estados Unidos, David E. Hutchison, quien fungía como el comandante de la base áerea de Biggs Field localizada en la población de El Paso, Texas, ordenó el "scramble" (salida de intercepción) de dos aviones Jet, hacia las doce del día, ordenándose que los aviones alcanzaran los 30,000 pies de altura (9,000 metros). Cuando personal divisó un disco volador el cual se encontraba exactamente entre la frontera de México y Estados Unidos, el mismo general posteriormente afirmó que los dos jets habían tratado de interceptar el "planeta Venus" y negó la existencia de tales objetos voladores no identificados... (*Excélsior*, Lunes 13 de marzo de 1950).

(COMENTARIO DE LOS AUTORES: Creemos que a la hora en que aconteció este suceso, las 12:00 del día, era imposible que la luz hubiera sido el ¡planeta Venus!, dado que éste se observa principalmente o al atardecer o al amanecer, y la salida de estos aviones se debió a una observación de un objeto plenamente visible y con forma de disco volador).

11 DE MARZO DE 1950
ENTRE GUERRERO Y PUEBLA
AVIÓN DE CARGA OBSERVA UN DISCO ROJO

Los tripulantes de un avión de carga de la Compañía de Transportes Aéreos Gómez Méndez, dijeron que observaron al mediodía unos objetos. El piloto, Héctor Cruz, declaró que volaba a unos 3,000 metros de altura, cuando a unos 500 metros sobre el avión vio un disco rojo de unos dos metros de diámetro que avanzaba hacia el sur a una velocidad aproximada de 650 Km/h, en dirección a Juchitán.

El copiloto y el navegante del avión confirmaron esa versión al igual que Francisco Castro Rayón, abogado consultor del Gobierno que iba a bordo como pasajero.

El observatorio astronómico de Culiacán anunció que observó un "platillo" por medio del telescopio, diciendo que cambiaba de forma, apareciendo a veces como una media luna y otras como un disco que se movía vertical y rápidamente a una altura de unos 9,000 metros.

(*El Mercurio* de Santiago de Chile, 12 de marzo de 1950/Pablo Petrowish).

El inicio de las observaciones OVNI

13 DE MARZO DE 1950
CIUDAD DE MÉXICO
LOS PRIMEROS OVNIS SE FOTOGRAFÍAN

En las primeras horas de la mañana un grupo de personas que se encontraba en el aeropuerto Internacional de la Ciudad de México, observaron un objeto "extraño" que ellos mismos llamaron plato volador, algunas otras personas dijeron que se trataba de un globo sonda.

La observación se realizó hacia las 7 de la mañana cuando desde la torre de control se observó este Objeto Volador No Identificado. Cuatro horas más tarde de este avistamiento, el reporte de las personas de torre de control, fue que 4 platívolos más se habían unido al primero.

Estos objetos apreciaban trayectorias sobre el área del aeropuerto. Hacia el medio día un avión despegó para tratar de identificar a estos objetos, el avión de la compañía mexicana Aerofoto llevaba como pasajero al señor Luis Struck.

Posteriormente aterrizó este avión y los miembros de la tripulación afirmaron que habían impreso algunas fotografías de los objetos.

Es importante mencionar que el agregado militar de los Estados Unidos de Norteamérica en México (no especifican su nombre) obtuvo algunas fotografías de estos objetos voladores no identificados con una cámara con telefoto.

El comandante del aeropuerto señor Pedro Sosa observó los objetos con ayuda de un telescopio y según su declaración los aparatos se movían a regular velocidad.

Los empleados de la torre de control señores Alberto Carreón, Armando Dávila, Claudio Vera, Ernesto E. Roble, apreciaron a simple vista la altura de estos objetos, determinando su altitud a 7,000 metros, comentaron además que a esa altura ningún globo, por grande que sea, es visible. También afirmaron que uno de estos objetos tenía una forma elíptica. Posteriormente, alrededor de las 11:00 de la mañana los cinco objetos tenían trayectorias luminosas que se observaron a simple vista.

Pensamos que por la calidad de los testigos, todos ellos controladores de tráfico aéreo, determinaron que no se trató de globos meteorológicos. (*Excélsior*, 14 de marzo de 1950).

17 DE MARZO DE 1950
CUATRO PILOTOS OBSERVAN UN PLATILLO
SOBRE EL DISTRITO FEDERAL

Cuatro pilotos reportaron el avistamiento de un Objeto Volador con forma de platillo, que según los mismos tenía un diámetro aproximado de 30 metros. El avistamiento se realizó sobre la Ciudad de México, por la mañana.

Referencia: Project Acufoe, Aircraft UFO Encounters, por Dominique Weinstein.

18 DE MARZO DE 1950
EN ALERTA LA SEDENA

Debido a las crecientes informaciones de reportes de avistamientos de objetos voladores no identificados, la Secretaría de la Defensa Nacional, por medio del Estado Mayor de la misma, declararon que miembros de su Institución, fueron alertados para vigilar el espacio aéreo. Dentro de estos acontecimientos se sumó el rumor de que un objeto con las características de "tener cinchos de acero con forma de rieles de ferrocarril de gruesas planchas de metal y pintado de color anaranjado", el cual se dijo que había caído entre las poblaciones de Juchipila y El Teul.

Lo relevante de esta noticia es que fue dada por el general del Ejército Mexicano Hermenegildo Cuenca Díaz. El mismo Estado Mayor alertó al comandante de la zona de Zacatecas para que realizara una investigación del caso.

La posición de los militares, fue la de negar este tipo de observaciones.

La Fuerza Aérea Mexicana también hace declaraciones: En el cuartel general de la misma, el teniente coronel Téllez Salas, subjefe del Estado Mayor de la Fuerza Aérea, afirmó que la FAM declaró en esta fecha, que en la misma Institución no se tenía información de los Objetos Voladores No Identificados que se habían observado en varias partes de la República Mexicana.

La noticia afirmaba que ellos estaban pendientes de los adelantos en materia de aviación que se tenían en esa fecha, y que los pilotos militares mexicanos, quienes volaban continuamente sobre territorio nacional, no habían reportado el avistamiento de alguno de estos objetos.

Lo relevante de esta noticia es la intervención hacia los medios de comunicación de la Secretaría de la Defensa Nacional, a este tipo de hechos.

El señor Severo Díaz, jefe de servicios meteorológicos del estado de Jalisco, declaró, que los "platos voladores", no eran otra casa que globos sonda, los cuales eran enviados por meteorólogos norteamericanos, desde bases situadas en Tacubaya, Yucatán, Mazatlán y Tampico.

4 DE MAYO DE 1950
CABORCA, SONORA
DOS GRUMMAN F8 PANTHER SOBRE SONORA

El periódico *La Prensa*, dio a conocer la información de que dos aviones norteamericanos habían aterrizado en el desierto de Sonora. El comandante del Ejército de la Zona militar de Sonora, general Miguel Orrico de los Llanos, envió un comunicado oficial a la Secretaría de la Defensa Nacional, informando que dos aviones de la Marina de los Estados Unidos se habían forzado a aterrizar en la zona ya indicada. (*La Prensa*, 5 de mayo de 1950).

El inicio de las observaciones OVNI

Probablemente por la fecha del acontecimiento, los aviones a que se referenciaron fueron provenientes de la base aeronaval de San Diego, y el tipo de los mismos pudieron ser Grumman F8 Panther, los cuales fueron utilizados activamente en operaciones de combate en la Guerra de Corea (sucedida entre los años 1950 a 1953).

Continúa la noticia de ese diario: "los Jets iban piloteados por los subtenientes Joseph McCarthy y Harold Whaarings, quienes aterrizaron sin sufrir daño alguno"; se afirmó en la misma noticia que uno de los Jets pudo regresar a su base, después de llenar sus tanques de gas-avión. El segundo avión fue remolcado por una grúa y enviado a los Estados Unidos.

(COMENTARIO DE LOS AUTORES: Este hecho pudiera haber pasado desapercibido y/o sin ninguna relación con el tema de este libro, OVNIs y aviones mexicanos; sin embargo, el curioso hecho de que se tratara de aviones que descendieron por causas desconocidas en el desierto de Sonora, nos llama la atención relacionarlo con las primeras escenas de la película de *Encuentros cercanos del tercer tipo*, estrenada en 1977, donde aparecen 5 aviones torpederos TVM Grumman Avanger de la Marina de los Estados Unidos. En la película soldados americanos descubren una flotilla de aviones de ese tipo, abandonados precisamente sobre el Norte de la República Mexicana y checan el estado de las máquinas, las cuales están en perfecto estado, pero sin los pilotos, checan el tanque de combustible y este chequeo revela que tienen 46 galones. Lo anterior quizás pueda estar relacionado con el hecho de que el asesor técnico de esta película fue el renombrado profesor Alen Hynek, consultor para el Libro Azul, quien a través de su vida conoció innumerables hechos del tema OVNI).

12 DE AGOSTO DE 1952
OVNI REGISTRADO POR UN CAPITÁN AVIADOR

El capitán aviador César López de Lara, observó un OVNI cuando volaba sobre Cerro Blanco cerca de San Andrés Tuxtla, Veracruz. (Nota periodística sin referencia, proporcionada por nuestro maestro Ramiro Garza).

6 DE DICIEMBRE DE 1952
BOMBARDERO NORTEAMERICANO SE ENCUENTRA CON CINCO OVNIS SOBRE EL GOLFO DE MÉXICO

La tripulación de un avión bombardero Boeing B-29 Superfortaleza Volante, reportó el avistamiento de cinco objetos que volaron cerca del avión y la observación de un sexto objeto, más grande que los anteriores, este último se alejó a una velocidad aproximada de 9,000 millas por hora, no así los otros cinco objetos, que lo siguieron por unos minutos más. Este avistamiento se realizó sobre el Golfo de México a 100 millas al sur de la costa de Louisiana, 20° 18 N 92°W.

El inicio de las observaciones OVNI

Referencia: Project Acufoe, Aircraft UFO Encounters, por Dominique Weinstein.

22 DE OCTUBRE DE 1954
AVIÓN DE PASAJEROS OBSERVA UN OVNI

Un inglés llamado John Norman, residente en la región de Mil Cumbres del estado de Michoacán, declaró a la agencia Reuter que observó un Disco Volador en los momentos que pescaba. El objeto era amarillo brillante y volaba silenciosamente como a unos 300 metros de altura.

Pasajeros de un avión en trayectoria de la ciudad de Acapulco a la Ciudad de México, aseguraron que vieron un objeto desde la ventanilla del avión, dijeron que el disco era como de 10 metros de diámetro, que se desplazaba a gran velocidad. (Noticia proporcionada por nuestro amigo Pedro Petrowisch de Santiago de Chile, aparecida en el periódico *El Mercurio*, 23 de octubre de 1954).

OVNI SOBRE EL AEROPUERTO
LA NOCHE DEL TERREMOTO DE 1957

El maestro mecánico en aviación Carlos Aragón Hernández quien actualmente tiene 70 años de edad, de los cuales 50 ha estado dedicado a la mecánica de la aviación mexicana y quien recientemente recibió varias preseas por parte de la DGAC (Dirección General de Aeronáutica Civil) por su trayectoria dentro de la

Aviación Mexicana, según conversación que se sostuvo con él, nos relató un avistamiento que tuvo junto con otros diez compañeros y los policías de la caseta de vigilancia de la base de Mexicana de Aviación, la cual se ubicaba en aquel año sobre lo que actualmente es la avenida Fuerza Aérea Mexicana, en donde se levanta actualmente el aerotianguis.

En dicho terreno la citada compañía aérea tenía sus instalaciones y talleres para el mantenimiento de las aeronaves que en ese tiempo contaba con los aviones del tipo Douglas (DC-3, DC-4, DC-7) y PACKARD. Relata el Maestro Aragón que la noche del 28 de julio de 1957, cuando él junto con sus compañeros se encontraban a las afueras del hangar, pudieron observar en el cielo un objeto que irradiaba gran luminosidad.

Según descripción del testigo, aquel objeto era semejante a un faro de iluminación urbana, el objeto realizaba movimientos erráticos subiendo y bajando, desplazándose a gran velocidad sobre la Ciudad de México, regresando al lugar para nuevamente ser observado; el Maestro Aragón se dirigió a la caseta de vigilancia para informar a los policías y avisarles que salieran a observar al citado objeto volador no identificado. Aproximadamente unas doce personas fueron testigos de este avistamiento, que se prolongó por algunos minutos, hasta que el objeto se alejó a gran velocidad hasta perderse de vista hacia el sur de la ciudad. Todo lo anterior sucedió alrededor de las 11 de la noche. Unas horas después de este acontecimiento ocurrió uno de los más fuertes sismos registrados en la Ciudad de México, recordado por muchos debido a que éste provocó la caída del Ángel de la Independencia.

En información publicada por el periódico *La Prensa* de fecha 8 de septiembre de 1965 se daban a conocer las declaraciones de que algunas personas en esa fecha observaron durante el temblor hacia el sur de la ciudad, unas bolas de fuego que según algunas descripciones parecían la luz de un proyector, sólo que ningún reflector alumbraba en esos momentos, ni siquiera había nubes que permitieran el reflejo de cualquier haz luminoso, todo ello asociado con el espectáculo dramático propio de los temblores como son los ruidos subterráneos y los relámpagos.

10 DE DICIEMBRE DE 1957 DC3 OBSERVA UN OBJETO CON DESTELLOS CEGADORES

Dentro de los incidentes de OVNIs y aviones sucedidos en México, según informaciones periodísticas, un avión mexicano de pasajeros de la compañía Aerolíneas Mexicanas afirmaron que avistaron un objeto con un destello cegador el cual volaba en sentido opuesto a su avión.

Según declaración de los pilotos, el avión volaba de San Luis Potosí a la Ciudad de México y el avistamiento de dicho objeto volador no identificado se efectuó hacia las 12:00 de la noche, entre las ciudades de Querétaro y León. Según el piloto le llamó la atención un gran resplandor, el cual se encontraba suspendido.

Dicho objeto era redondo y a su alrededor se apreciaban numerosos rayos, como si fuesen antenas de un color blanco muy brillante. Cuando el avión volaba a una altura de 13,000 pies (de acuerdo al libro de Jim and Coral Lorenzen, el avión estaba a 12,000 pies) piloteando un avión de tipo DC-3, el cual tenía como matrícula dada a conocer por el periódico *La Prensa*: XA-SUW (EXTRA-ALFA-SIERRA-UNION-WHISKY) mientras que el *magazine* de *Novedades* dio como matrícula de identificación XA-FUW (EXTRA-ALFA-FOX-UNION-WHISKY).

Según cálculos del capitán el objeto se encontraba a unas 80 millas y según él mismo el objeto debió de tener unos 200 metros de diámetro. La tripulación del DC-3 informó que el avistamiento fue alrededor de las 20:45 de la noche y que el extraño objeto luminoso se encontraba a unos 10,000 pies de altura (altura que lo situó por abajo del avión), el capitán llamó a una de las sobrecargos del avión, Estela Cruz, señalándole aquel objeto extraño.

Cabe mencionar que según los informes periodísticos de aquella época varios pasajeros que viajaban en el avión, le preguntaron a la sobrecargo sobre qué era lo que sucedía y que fueron testigos del avistamiento de este objeto luminoso en el cielo. Según informe dado en el despacho del entonces gerente general de Aerolíneas Mexicanas, Lic. Rubén Ruiz Alcántara, las autoridades aeronáuticas mexicanas se reunieron para escuchar la declaración de la tripulación del avión, en las oficinas de la misma empresa a las 7 de la noche del día siguiente.

Cabe mencionar que la tripulación (formada por el capitán P.A. Gilberto Castillo del Valle, primer oficial Víctor Manuel Mora y la sobrecargo Estela Cruz) del avión afirmó que dicho objeto era tan luminoso que se observaba perfectamente en lo negro del cielo.

Diversos periódicos, así como la radio dieron a conocer los pormenores de esta noticia. Como dato complementario la tripulación afirmó que hacia el final del avistamiento dicho objeto se veía de un color azuloso parecido al de la llama de la soldadura autógena.

Algunos periodistas cuestionaron al capitán Castillo del Valle (en el libro de Coral and Jim Lorenzen *UFO Whole Story* 1969, describió el nombre Gilberto Castillo del Valle) que si él creía que dicho objeto pudiese haber sido un "platillo volador", a lo que el mismo piloto afirmó que en sus 15 años de experiencia profesional nunca había visto nada parecido y se declaraba escéptico hasta la observación del extraño objeto.

En aquel vuelo el número de pasajeros era de 15, algunos de los cuales pudieron observar incluso desde la cabina del avión al objeto, el cual siempre se desplazó en sentido vertical hacia arriba y hacia abajo a una gran velocidad para quedar inmóvil. Hacia las 21:00 horas con 5 minutos el objeto desapareció.

Antes de desaparecer el objeto realizó una maniobra de ascenso que según los pilotos calcularon, alcanzaba una altura de 40,000 pies, volviendo a quedar estático dicho objeto, para asombro de los pilotos del avión aquel objeto había subido 30,000 pies en un tiempo de 4 segundos.

Al efectuar su llegada al aeropuerto de la Ciudad de México, se dirigieron hacia las oficinas de RAMSA (Radio Aeronáutica Mexicana Sociedad Anónima) para realizar un detallado informe sobre el avistamiento del extraño objeto.

La tripulación inclusive fue entrevistada por personal de la UNAM.

24 DE OCTUBRE DE 1958
AVIÓN NORTEAMERICANO DE PASAJEROS
OBSERVA CUATRO OVNIS

La tripulación del vuelo PAA504 de la línea aérea norteamericana Pan American, reportó la observación de cuatro "estrellas" brillantes, moviéndose de oeste a este, a las 0:40 horas. La observación se realizó sobre el Golfo de México, en la zona 24°N/89° 50W.

Referencia: Project Acufoe, Aircraft UFO Encounters, por Dominique Weinstein.

La década de 1960-70

JUNIO DE 1961
MÁS "CABELLOS DE ÁNGEL" SOBRE LOS AEROPUERTOS MEXICANOS

Un objeto extraño voló sobre el puerto de Tampico y dejó a su paso una telaraña como una delgada malla... que al contacto con las manos se deshacía.

"El fenómeno se observó a las 11:25 horas sobre el aeropuerto jaibo. Fue el velador Mario Cortázar el primero en notar que sobre Tampico volaba un raro objeto, en forma de huevo, con luz brillante y que, conforme se alejaba, era más intensa.

"A lo largo de toda su ruta iba dejando caer esa especie de telaraña que caía sobre la ciudad.

"Su vuelo era aproximadamente a unos 4,000 pies según dijo el comandante del campo aéreo de esta ciudad, señor Roberto Garza Ramón, quien fue avisado por el velador Cortázar del raro fenómeno.

"El mismo Garza Román observó el vuelo del desconocido objeto espacial (sic) a través de un teodolito del departamento de meteorología... Sin embargo no pudo notar nada especial... Otros testigos del fenómeno fueron los choferes de los carros de alquiler del aeropuerto, señores Juan y Pedro Yáñez.

"El jefe del campo aéreo dio parte a las autoridades y se comunicó a otros campos aéreos para ver si era posible que siguieran el viaje del objeto no identificado. El viaje era del oeste hacia el suroeste". (Nota proporcionada por el gran investigador de OVNIs Ian Norrie, de origen inglés, que vivió la mayor parte de su vida en México, qepd, 1995).

30 DE JULIO DE 1963
UN FENÓMENO ATMOSFÉRICO EXTRAÑO

El periódico *Excélsior* en su edición del 31 de julio publicó una noticia muy singular "Extraños corpúsculos demoran los aviones." Unos corpúsculos de regular tamaño, cuya naturaleza no fue precisada, aparecieron ayer durante 20 minutos sobre el Vaso de Texcoco y zonas circunvecinas al aeropuerto internacional de la Ciudad de México y provocaron retrasos de hasta 15 minutos en el despegue de varios aviones.

Uno de los operadores de la torre de control del aeropuerto, Alberto Carreño Cano, afirmó que entre las 9:10 y 9:30 horas aparecieron en el cielo "...como si fueran paracaidistas, millones de minúsculos hongos o copos... no había nubes y el cielo estaba más o menos despejado, de ahí lo extraño del fenómeno", afirmó Carreño Cano, quien añadió que esto demoró los vuelos de la Compañía Mexicana de Aviación a Guadalajara y otro a los Angeles, California.

"El fenómeno duró poco tiempo, el comandante del aeropuerto P.A. Luis Angel Jara Monroy, fue informado del suceso por varios funcionarios de aeronáutica civil. Estos también dieron parte al servicio de meteorología de la Secretaría de Agricultura y al Instituto de Geografía de la Universidad Nacional."

Por último la nota comunica que... "varios empleados de la comandancia y de la torre de control dijeron que nunca antes habían presenciado tan extraño espectáculo, sobre todo cuando no estaba nublada la mañana y más bien el día era claro y brillante." (*Excélsior*, 31 de julio de 1963. Nota proporcionada por nuestro amigo Ian Norrie qepd).

El anterior hecho lo referenciamos en esta obra debido a que estos corpúsculos cayeron en las proximidades de un aeropuerto y este hecho aparentemente pudiera tener alguna similitud con las famosas caídas de "cabellos de ángel" dejadas caer por algunos OVNIs. El investigador Allan J. Manak de Cleveland, Ohio, publicó todo un dosier de caídas de pedazos de hielo y "cabellos de ángel", esta nota por otra parte muy bien puede ser considerada como un hecho Forteano.

Otra de las fuentes que tiene registrada esta noticia se encuentra en el libro *Platillos Volantes en Iberoamérica y España* de Antonio Ribera, decano de los investigadores OVNI en el mundo. Un dato complementario que el decano investigador proporciona en su libro es que "estos objetos blanquecinos y ligeros... de más de un metro de diámetro..." Una observación semejante, de pompas irisadas que se desplazaban horizontalmente y a poca velocidad sobre un fondo de montañas, se realizó cuatro o cinco años después... ¡en Andorra! También se trataba de esferas translúcidas de un metro de diámetro, que parecían ingrávidas y avanzaban subiendo y bajando suavemente...

11 DE FEBRERO DE 1964
EXTRAÑO OBJETO VOLADOR
"ECHÓ CHISPAS A SU PASO"

En Tehuacán y en Ciudad Satélite también observaron el extraño objeto volador. Un objeto volador no identificado de color azul intenso —eléctrico— movilizó ese día a un inspector de servicios aéreos y a un grupo de técnicos, quienes volaron sobre una amplia zona en busca de algún indicio.

En el poblado de San Diego Chalma, que está a 10 kilómetros de esa ciudad, una casa se quemó cuando del cielo cayeron chispas.

A bordo de varias avionetas volaron sobre la mixteca poblana y parte de la oaxaqueña —páramo y selva a la vez—, sin encontrar rastro del objeto luminoso "que echaba chispas a su paso".

Dos aviones de la Fuerza Aérea Mexicana, también realizaron un vuelo de observación... Mucha gente vio el extraño fenómeno en el firmamento, vecinos de los pueblos de Chilac, Atolotitlán, Caltepec, Coatepec, Acatitán, Aztastla y otros más afirmaron haberlo visto cruzar sobre sus cabezas...

En la Ciudad de México la noticia fue que varias personas se comunicaron a la redacción, diciendo que vieron un objeto luminoso la tarde del domingo por el rumbo de Ciudad Satélite...

Añadieron que volaba de oriente a poniente, describieron que era de color azul que sobresalía sobre el natural del cielo. (*Excélsior*, pág. 46 Miércoles 12 de Febrero de 1964).

26 DE JULIO DE 1964
LOS ÁNGELES AZULES VISITAN MÉXICO
PARA REALIZAR UNA DEMOSTRACIÓN AÉREA

Los *Blue Angels* es el equipo aéreo acrobático de la Armada de los Estados Unidos. La noticia fue dada por el reportero Mario Luis González Márquez del periódico *La Prensa*. El equipo acrobático norteamericano realizó la exhibición aérea en conmemoración del aniversario de Aeronaves de México el 23 de julio de ese año. En ese tiempo el equipo de los *Blue Angels* volaba los aviones Grumman F-11A Tigre.

Durante más de una hora los pilotos norteamericanos realizaron espectaculares maniobras sobre la zona del aeropuerto de la Ciudad de México, alcanzando velocidades hasta de 1,900 Km/h. Cabe mencionar que alrededor de 500,000 personas observaron las evoluciones del equipo de aviones norteamericanos.

Entre las personas que observaron el show aéreo se encontraba el entonces Presidente de la República, Lic. Adolfo López Mateos. La zona del aeropuerto fue acondicionada para observar el espectáculo aéreo.

Aeronaves de México preparó todo con anticipación. En la zona del cerro del Peñón miles fueron las personas que se congregaron para la observación del citado espectáculo.

El equipo realizó acrobacias aéreas como lo fueron la Flor de Liz, Giro de diamante, Filo de cuchillo, Looping, Vuelta de abanico, Barril de 4 puntas.

Los pilotos de ese escuadrón fueron; Bob Aumack, Bob McDoneugh, Dick Lanford, Frank Mezzadri, John Kersinger, Dick Olivier, Bob Cowles y Scott Ross. Es importante mencionar que aquel día el cielo de la Ciudad de México se encontraba completamente azul.

Durante el espectáculo varias personas informaron al reportero citado, el avistamiento de un Objeto Volador No Identificado, el cual según los testigos se encontraba sobre el cenit, otras personas afirmaron que dicho objeto se observaba hacia el rumbo del Oeste, según la descripción que dieron los testigos, aquel objeto reflejaba la luz del sol y el mismo estuvo estacionado por más de 30 minutos sobre esa misma zona. Algunos otros testigos afirmaron también que dicho objeto era de color plateado y que realizó movimientos diversos. Al término del espectáculo de aviación, este desapareció, algunas personas pudieron observarlo con ayuda de binoculares y según afirmaciones de varios testigos, el objeto estaba a una altura media. (*La Prensa*, jueves 23 y 27 de julio de 1964)

Nota: Un hecho curioso de algunos avistamientos OVNI es cuando éstos son observados por multitudes de personas, reunidas por acontecimientos religiosos (Las apariciones de Fátima) partidos de fútbol (Guadalajara-América del año de 1995 en el estadio Jalisco), conciertos musicales (Pink Floyd, México 1994), congregaciones a la visita del Papa Juan Pablo II, México enero de 1999, reportando hasta 30 objetos en los días consecutivos de la visita del Papa a México y también manifestaciones como la ocurrida en la ciudad de México en 1995.

14 DE JULIO DE 1965
LA FUERZA AÉREA MEXICANA
TRATA DE IDENTIFICAR OVNIS

La Fuerza Aérea Mexicana vuelve a hablar de los platos voladores. Esta nota fue dada a conocer por INFORMEX. Afirmaciones de militares de la Fuerza Aérea Mexicana dijeron que no habían tenido conocimiento de que en el espacio aéreo mexicano, hubiesen sido vistos objetos voladores no identificados. Personal de la citada Fuerza Aérea afirmaron que sí tenían conocimiento de la existencia de dichos objetos a través de los medios de prensa escrita del país.

Todo esto aunado al avistamiento de platillos voladores que fueron observados en la población de Chilpancingo, Guerrero, según las cuales campesinos de aquella región informaron que pudieron observar durante una de las noches de aquella primera quincena de julio a varios objetos voladores que se desplazaban a gran velocidad y que los cuales dejaban tras de sí un tipo de estela muy luminosa.

También se informó que las diferentes bases aéreas de la Fuerza Aérea Mexicana diseminadas en territorio nacional; Santa Lucía, Ixtepec, Oaxaca, Cozumel, Zapopan, Pie de la Cuesta, Puebla, Mérida, Ciudad del Carmen, tenían instrucciones específicas para tratar de identificar la naturaleza de los objetos desconocidos, cuando los mismos estuvieran dentro del espacio de vigilancia aérea de dichas bases. (*Ovaciones* 2ed. 14 de julio de 1965).

28 DE AGOSTO DE 1965
OLEADA MEXICANA DE 1965

Una curiosa noticia referida en *El Sol de México*, se transcribe de un extraño avión que descendió en la cercana meseta de Arteaga, en Muzquiz, Coahuila. Dicho "avión" transportaba a 8 asiáticos. Según la información, el aparato estuvo en tierra por algunos minutos, el avión no utilizó el aeropuerto de Plan de Guadalupe, cercano al municipio de Muzquiz.

Algunas personas robustecen la versión de que "extranjeros" sospechosos realizaban algún tipo de operación fuera de la ley. El periódico de *El Sol del Norte de Saltillo* dice que podría tratarse de alguna infiltración extranjera, para tratar de sublevar a la comunidad indígena; algunas personas que pudieron observar el descenso del avión lo describieron de color gris y con grandes caracteres negros. Otras personas afirmaron que pudieron observar entre seis y ocho individuos, los cuales se comunicaban entre ellos en un idioma extranjero. Afirmando también que las características físicas de dichos individuos, correspondían con la apariencia física del continente asiático.

También se indicó que dicho avión tomó tierra en el ejido de nombre "La Casita" que se encuentra cerca del caño de la Carbonera, se estableció que un campesino habló con uno de los "asiáticos", y un miembro del comisariado de Arteaga de nombre Ricardo Márquez afirmó que le fue comunicado el aterrizaje de dicho avión por un campesino de nombre Martín Cárdenas. Posteriormente un funcionario municipal de nombre Florentino Valdez, afirmó que realizaría una investigación sobre el caso.

(COMENTARIOS: Esta noticia no la habríamos reseñado en este trabajo de no ser porque se trata de una referencia hacia un avión desconocido que "aterriza" en un lugar alejado del aeropuerto más cercano. Otro de los aspectos que nos llamó la atención a esta noticia es que sucede en el año de 1965, año en que acontece la más grande oleada de OVNIs en México. Otro punto de llamar la atención es el que los "tripulantes" son descritos como orientales, característica descriptiva de muchos "hombres de negro".

En cuanto al "aparato", ningún "avión" de fabricación o nacionalidad china, suponemos, tendría la capacidad para aterrizar en una zona que no es un aeropuerto y si fue un avión de nacionalidad china debería ser en el caso de un avión comercial: pintado de color blanco, con la bandera china en el timón del avión. Y en el caso de aparatos militares, poseen la misma bandera en el timón del avión y un número de 5 dígitos en la parte delantera del mismo, situación que no es referida con la descripción del "avión" de color gris y con caracteres negros.

24 DE SEPTIEMBRE DE 1965
PILOTOS DE AERONAVES MEXICANAS
REGISTRAN OVNIS

El periódico *La Prensa*, publica una nota titulada "Increíble Desfile de OVNIs, Casi a Diario", en la segunda página una nota publicada por su reportero Rubén Mondragón Canton, transcribe que varios pilotos de aeronaves mexicanas también han reportado encuentros con los OVNIs. En el curso de esta semana se habló de una nave que diversas organizaciones habían juntado fuerzas para tratar de localizar OVNIs y fotografiarlos, asimismo dicho reportero daba a conocer que un avión bimotor había sido observado volando en varias partes comprendidas entre las poblaciones de Cuautla, Morelos, Atlixco, Puebla y Cacahuamilpa, Morelos. Dicho avión había sido observado, a determinadas horas, y se suponía que llevaba a bordo camarógrafos y observadores. En el mismo periódico se cita a uno de los testigos, el Sr. Carlos Muñoz.

Las poblaciones antes citadas según el mismo periódico habían sido escogidas, ya que se afirmaba que diariamente era posible observar OVNIs en dichas zonas, ejecutando maniobras no aptas para las aeronaves terrestres.

El mismo periódico informó que en días pasados se había alcanzado a ver un platívolo y que en el mismo se observaron 3 ventanillas redondas, el OVNI volaba a unos 200 metros de altura.

7 DE SEPTIEMBRE DE 1965
UN OVNI INTERFIERE
EL SISTEMA ELÉCTRICO DE UN JET

Un OVNI es visto desde un jet de Aeronaves cerca de Acapulco. Desde la cabina del avión de Aeronaves de México que tripulaba el piloto aviador Cuauhtémoc López Betanzos, éste observó un OVNI que paralizó todo el sistema eléctrico de la nave. El capitán López Betanzos narró que lo anterior causó fuerte impresión a sus compañeros de trabajo Benjamín Mejía Guízar y Alberto Guevara Lira, primero y segundo oficiales.

Relatan que con rumbo a Acapulco, como a las 22:30 horas, a unos 16 kilómetros al este del aeropuerto de aquel lugar, vieron una luz blanca muy intensa, mucho más intensa que cualquiera de las del aeropuerto. Iluminaba perfectamente la arena de la playa. La luz era fija, permanece en cuanto al sitio, pero variaba notablemente en su intensidad. Aumentaba y disminuía con cierta periodicidad. Su color blanco no cambiaba.

Uno de sus compañeros sugirió aproximarse, pero se encontraban entrando al "patrón de aterrizaje". En la maniobra dejaron de ver al objeto.

Los tres pilotos preguntaron a la Torre de Control de Acapulco, sin embargo ahí nadie vio nada.

A su regresó su expectativa era la de volver a ver el extraño fenómeno; sin embargo el oficial Alberto Guevara observó los controles del avión y alarmado llamó la atención del resto de la tripulación:

"¡Miren, no trabajan los relojes, altímetros ni ningún instrumento eléctrico. Parece que estamos dentro de un campo magnético...!"

En un tiempo breve todo volvió a la normalidad. (*Última Hora*, 24 de septiembre de 1965 /Clara Gutiérrez Moreno).

20 DE SEPTIEMBRE DE 1965
DOS OVNIS SOBRE EL
AEROPUERTO DE LA CIUDAD DE MÉXICO

El diario vespertino *Últimas Noticias* en su segunda edición de la fecha referida publica una nota titulada "Desde la Torre de Control del Aeropuerto Vieron Platívolos", y la noticia refiere: "...hombres capacitados para reconocer cualquier tipo de aeronave aseguran haber visto el domingo pasado, sobre la Ciudad de México, dos objetos voladores que no se asemejan en nada a ninguna nave terrestre conocida..."

En efecto, Jaime Lara, Armando Camarillo, Ricardo Sánchez y Jaime Zapiain, técnicos de la torre de control del Aeropuerto Internacional de la Ciudad de México, relataron hoy a *La Extra* lo siguiente: "El domingo pasado, a las 19 horas, aproximadamente, recibimos un telefonema. Se nos preguntó si desde aquí se veía algún objeto extraño.

"Inmediatamente buscamos y vimos un punto luminoso que viajaba de sudeste a nordeste; supusimos al principio que se trataba de un satélite, ya que sabemos que actualmente hay ciento ochenta de ellos girando alrededor del planeta; descartamos esa posibilidad al ver que detrás de él iba otro que zigzagueaba y emitía una brillante luz parpadeante.

"Lo vimos aproximadamente durante cinco minutos y desaparecieron detrás del Cerro del Peñón.

"Ambos brillaban como una estrella de primera magnitud. Desde luego no podemos asegurar que se trate de platillos voladores, pero tenemos la plena seguridad de que no era ninguna nave conocida ni satélites artificiales".

Jaime Zapian relató que hace aproximadamente un año, un piloto de un Britannia de Aeronaves de México, comunicó a la Torre de Control la presencia de un punto luminoso.

Esta misma noticia es dada a conocer en otro gran diario de la época, el periódico *Novedades*, mencionando a otro técnico que fue testigo del anterior hecho, ...se trata de José Luis Enríquez, supervisor de la torre de control del Aeropuerto Internacional de la Ciudad de México. Sus compañeros Moisés González, Gabriel Pascoe y Jaime Lara fueron testigos... "Uno era satélite, con los binoculares pudimos observarlo, pero el otro objeto... ¡sabrá Dios qué era!" (*Novedades*, 21 de septiembre de 1965).

21 DE SEPTIEMBRE DE 1965
CONTROLADOR AÉREO REPORTA OVNI

Los días 20, 21 y 22 de septiembre de 1965, son días particularmente ricos en observaciones OVNI, uno de los diarios con mayor circulación de aquella época refiere la siguiente noticia... Emilio Estañol, jefe de turno de la torre de control del Aeropuerto Internacional de la Ciudad de México, observó anoche a las

20:30 horas, por el rumbo noroeste de la capital, un objeto luminoso no identificado, que avanzaba en distintas direcciones.

El extraño objeto también fue visto por los ayudantes Abraham González y José Luis Anduxo. En ese momento un avión de American Airlines (un Boing 707 probablemente), realizaba las maniobras de aproximación al Aeropuerto Internacional de la Ciudad de México. "Por precaución —dice la nota— se advirtió a los pilotos de la presencia de tal objeto, sumamente luminoso". (*Excélsior*, septiembre 22 de 1965).

PRIMERA QUINCENA DE SEPTIEMBRE DE 1965
OVNI SOBRE TEQUESQUITENGO

El encabezado del periódico *La Extra* del 23 de septiembre de ese año titula "Dos pilotos mexicanos se acercaron a OVNIs... Uno de los aviones estuvo en peligro cerca de Tequesquitengo", escribe el reportero Roberto Martínez Mestre, "Dos pilotos mexicanos han encontrado en pleno vuelo objetos extraños los cuales se alejaron a una velocidad extraordinaria cuando los aviones se acercaron a ellos."

Los capitanes Cuauhtémoc Betanzos y Fernández de Lara relataron a sus compañeros de la Asociación Sindical de Pilotos Aviadores lo siguiente: ..."El primero de ellos iba de México a Acapulco en vuelo de práctica la semana antepasada y cuando se encontraba sobre el lago de Tequesquitengo a las 21 horas aproximadamente, vio un objeto luminoso enfrente de su aparato e inmediatamente se enfilo hacia él, para observarlo de cerca, cuando se acercaba, el extraño objeto desapareció a gran velocidad, los aparatos del avión se 'volvieron locos' y la aeronave se sacudió fuertemente."

EL SEGUNDO CASO. Relatado por el capitán Fernández de Lara, ocurrió hace más de un año, cuando volaba de San Luis Potosí a México.

Aproximadamente a las 22 horas, un objeto luminoso, de forma ovoide, se colocó al lado derecho del avión y ahí permaneció un buen rato. El capitán decidió acercarse a él para ver de qué se trataba. Cuando giraba el avión, el artefacto aquel desapareció. Ninguno de los pilotos se atreve a asegurar que se trate de naves conocidas o de satélites artificiales.

LOS PILOTOS ESTÁN CONFUSOS. Por otra parte, el capitán Ángel García Yascurain, secretario de la prensa del ASPA, manifestó que ellos están tan confusos como el público en general... (*Últimas Noticias*, 2da edición, 23 de septiembre de 1965).

28 DE SEPTIEMBRE DE 1965
OVNIS SOBRE EL AEROPUERTO DE SAN LUIS POTOSÍ

Dos objetos luminosos fueron vistos anoche sobre el cielo de San Luis Potosí, por los pasajeros del avión de las 20:00 horas, y por dos periodistas de los diarios locales, cuando éstos últimos cumplían con sus actividades.

Los OVNIs fueron localizados en el Noroeste, sobre el aeropuerto de esta localidad, los platillos siguieron una trayectoria recta en descenso hasta llamar poderosamente la atención por su luminosidad, después se fijaron en posición Noroeste para permanecer en el firmamento durante sesenta segundos, después de ese tiempo con una velocidad superior a la de los jets, se desplazaron hacia el Norte, maniobrando en trazos diversos para perderse luego en el azul del cielo. (*El Universal*, miércoles 29 de septiembre de 1965).

2 DE OCTUBRE DE 1965
CONTROLADORES OBSERVAN OVNIS

El periódico *El Sol de México* en su edición del 2 de octubre, recogió varias opiniones acerca de la existencia de los platillos voladores, destacando las opinión del técnico de la torre de control Ricardo Sánchez, quien tuvo la oportunidad de verlos dos veces. Otro de los técnicos de la torre de control que aseguró haberlos visto, es el Sr. Alberto Carreón, jefe del citado centro de comando.

18 DE OCTUBRE DE 1965
EXTRAÑO FENÓMENO ATMOSFÉRICO

Muchas historias de casos anteriores se revelaron en los diversos diarios de la República Mexicana, como consecuencia de los continuos reportes de OVNIs que los periódicos publicaban en forma diaria en esa época. Transcribimos a continuación una nota muy interesante, publicada en el periódico *El Universal*

"...Hace años que al servicio de la Secretaría de Comunicaciones y Obras Públicas y en compañía de otro funcionario de la misma, hice un viaje por aire de Tenosique, Tabasco, a la ciudad de Campeche. Después de pasado medio día abordamos el pequeño avión 'El Chaquiste', de la repetida Secretaría, piloteado por el capitán Colorado, muerto heroicamente recién después en un forzado aterrizaje en las cercanías del trayecto que ahora seguíamos.

"Ya en pleno vuelo y apenas transcurridos unos treinta minutos de haber despegado, empezó a azotarnos fuerte viento del Norte, lo cual alarmó visiblemente a mi acompañante; tanto, que mucho dudo que le haya impresionado como a mí la visión inusitada que a nuestra mano derecha aparecería.

"Entre el cúmulo de nubes blancas se veían multitud de círculos bien redondeados, todos de diferentes tamaños, desde los que aparentemente tendrían un diámetro como de una doble estatura humana, hasta los pequeños, de menos de un metro, iluminados con los más vivos colores del arco iris: en sus centros aparecía la imagen del disco solar con una luz amarillenta, y ¡oh, prodigio! una cruz inscrita y tan bien formada, que involuntariamente pensé en la visión que pretendió tener Constantino, por supuesto, sin el enunciado 'con este signo vencerás'; pero a la vez pude identificar con no poca sorpresa que aquella figura correspondía a la sombra empequeñecida de nuestro propio avión; dichos círculos, grandes y chicos, todos, ostentaban el mismo símil del disco solar y a su derredor una serie de círculos concéntricos, cada uno iluminado en orden con los correspondientes colores de la luz blanca, desde el rojo hasta el violeta".

Pocos años más tarde, la prensa informó que a este maravilloso fenómeno se le llamó "Espectro de Broks". Publicado en la *Revista Telegráfica Mexicana*, artículo escrito por Cayetano Serrano Sánchez.

SEPTIEMBRE DE 1965
CONTROLADOR MEXICANO OBSERVA UN OVNI

El Sr. Jaime Lara Mercado, controlador del radar en el Aeropuerto de la Ciudad de México, observó desde la torre de control un objeto extraño y con aparentes características sólidas, su contorno era delineado, con una brillantez más grande que la de las estrellas. El objeto, relata el Sr. Lara, siguió una trayectoria en "S", el día era despejado. (Entrevista dada a C. A. Guzmán Rojas el 18 de junio de 1970).

21 DE ABRIL DE 1966
TRÁFICO DESCONOCIDO REPORTADO
POR UN AMERICAN AIRLINES

Un piloto de un reactor de la línea American Airlines sobre territorio mexicano "estableció contacto con el aeropuerto para comunicar que un objeto brillante había seguido a su avión durante varios minutos. La torre de control aseguró al piloto que allí no había nada." (*Platillos Volantes... Aquí y Ahora*, Frank Edwards, Editorial Plaza & Janes, 1970, España).

30 DE JUNIO DE 1966
RADAR CAPTA UN OVNI

Las dos siguientes notas nos fueron proporcionadas por el maestro Ramiro Garza, pero en ellas no se acota la referencia del diario, la primera nota, en su encabezado reseña... "Un OVNI surcó el cielo acapulqueño. El radar lo captó a 21 metros de altura. Aproximadamente a las 17:30 horas de hoy un objeto volador no identificado, surcó el cielo despejado de Acapulco dejó tras de sí una estela luminosa y brillante que tardó varios minutos en desaparecer, y segundos después se internó sobre el mar, en línea ascendente, rumbo al oeste.

"En la torre de control del aeropuerto, en donde están los radares de Plan de Los Amates, señalaron que el aparato —o lo que sea—, voló a una altura de 21 metros... turistas y lugareños del puerto vieron asombrados el fenómeno".

La segunda nota periodística refiere que el OVNI se movía a una velocidad regular de este a oeste, dejando tras de sí una estela gruesa que paulatinamente fue disipándose.

"Cientos de llamadas telefónicas se recibieron en la Jefatura de Policía, guardias de la Judicial, periódicos y radiodifusoras en demanda de información sobre el raro objeto..." (Cadena García Valseca, 1 de julio de 1966).

31 DE OCTUBRE DE 1966
PANTALLAS DE RADAR CAPTAN OVNI

En el Aeropuerto Internacional Plan de Los Amates, observaron OVNIs, un periodista llamado Guillermo Maqueo y su amigo llamado Fernando M. Clak.

Lo importante y relevante de este avistamiento es que las pantallas de radar de la terminal aérea, captaron la presencia de dos raros objetos, sin precisar de qué se trataba. El informe oficial, lo rendirían los funcionarios del Aeropuerto a las autoridades de la Secretaría de Comunicaciones y Transportes. El fenómeno se registró a las 19:10 horas, minutos antes de que despegara uno de los vuelos con destino a la Ciudad de México. (*El Gráfico*, lunes 31 de octubre de 1966, nota proporcionada por el Sr. Ramiro Garza).

30 DE DICIEMBRE DE 1966
UN AVIÓN COMERCIAL TUVO UN
ENCUENTRO CON UN OVNI

Los testigos de este acontecimiento fueron el piloto "y tres miembros de la tripulación de un avión reactor de pasajeros de la Canadian Pacific en ruta desde

Lima (Perú) a Ciudad de México, hacia las 2 de la madrugada".

Citamos las palabras del capitán Robert Milbank el cual presentó a las autoridades aeronáuticas del aeropuerto de la Ciudad de México su reporte del OVNI observado una vez que realizó el aterrizaje en el Aeropuerto Internacional.

"...Todos los pasajeros estaban dormidos, volábamos a 10,000 metros frente a las costas del Perú al sur del Ecuador, sobre las 2 de la madrugada, el primer oficial y yo vimos dos luces blancas en el horizonte a la izquierda del DC-8, el copiloto era John Dahl de White Rock (Columbia Británica) puso el hecho en conocimiento de los otros miembros de la tripulación, navegante Mike Mole de la Ciudad de México; piloto de prácticas Wolfgang Poepperi y sobrecargo Josep Lugs, los cinco observamos los acontecimientos que siguieron.

"...Las luces se encontraban cercanas, cintilaban y la tripulación pensó que eran estrellas, sin embargo, comprendieron que estas no podrían ser estrellas, ya que se encontraban muy cercanas, al observarlas, aquellas luces se distanciaron y comenzaron a acercarse al DC-8, los aviones comerciales portan una luz roja (del lado izquierdo) y una luz verde (del lado derecho), pero estos objetos irradiaban completamente una luz blanca, observando que una de estas luces se prendía y apagaba; al mismo tiempo se produjo la emisión de dos rayos de luz provenientes de las mismas luces blancas en dirección hacia arriba, dibujando en el cielo una 'V', aquellas luces realizaron una maniobra descendente, adquiriendo la misma altura que el DC-8, unos minutos después una de estas luces irradió una cauda de chispas parecida a la que deja un cohete de fuegos artificiales.

"El capitán refiere que trató de comprender que aquella luz que se estaba observando debía de ser un avión o un satélite que entraba a la tierra, pero según lo que observamos no correspondía a ninguna de las dos posibilidades antes mencionadas.

"Pasando unos segundos aquella luz se acercó más al DC-8 y observamos perfectamente una línea de luces entre los dos haces de luz blanca, las mismas se posicionaron a la altura del ala izquierda del DC-8; en los momentos en que la luz de la luna llena iluminó aquel objeto.

"Visualizamos una forma entre ambas luces, algo que parecía como una unión más gruesa en la parte central entre las 2 luces parecido a una estructura, al cabo de unos momentos voló junto de nuestro DC-8 y posteriormente se alejó hacia atrás de la aeronave".

El capitán, al final de su declaración, afirmó que seguramente ese Objeto Volador No Identificado era lo que la gente denomina un "platillo volante".

Frank Edwards, *Platillos Volantes... Aquí y Ahora*, Plaza & Janes 1970, España.

29 DE ENERO DE 1967
TRES MIEMBROS DE UNA TRIPULACIÓN DE "CANADIAN PACIFIC", VIERON UN OVNI EN UN VUELO RECIENTE DE LIMA A MÉXICO

El extraño aparato se desplazó junto al super jet durante dos minutos, minutos en que la oficialidad lo observó con toda claridad, los tripulantes de dicho avión declararon que el OVNI maniobraba con una velocidad fuera del potencial humano". (*Excélsio.*, nota proporcionada por nuestro maestro Ramiro Garza).

12 DE FEBRERO DE 1967
UN DOUGLAS DC-6 REPORTA UN TROMPO VOLADOR

Un avión guatemalteco Douglas DC-6 de la línea AVIATECA, el cual cubría la ruta Guatemala-México, se encontró con un OVNI a la altura de la población de Ixtepec, Oaxaca. Según la tripulación del avión el OVNI tenía forma de trompo y según cálculos de la población el diámetro del mismo era de unos 10 metros. Aquel objeto despedía extraños destellos, y fue observado cuando volaba a 14,000 pies de altura (4,200 metros).

Al aterrizar el avión guatemalteco en el Aeropuerto Internacional de la Ciudad de México, tanto miembros de la tripulación como varios asustados viajeros relataron los pormenores de la situación que vivieron. Según afirmaciones de los mismos y de la tripulación aquel objeto volaba a una velocidad de 200 Km por hora aproximadamente, en sentido opuesto al DC-6, el cual volaba a 270 Km. por hora. Los asustados pasajeros dijeron que el objeto pasó a un lado del avión y casi estuvo a punto de chocar con el mismo. Fue tan rápido el suceso que miembros de la tripulación no lograron saber qué rumbo tomó el OVNI al dirigirse en dirección contraria. La tripulación estaba formada por el coronel Alfredo Castañeda, el capitán Carlos Samayoa, las sobrecargos Ninnette Grosgean y Maribel Vargas, en su declaración afirmaron que no era posible que aquel objeto pudiese haber sido un globo sonda, ya que esta versión fue verificada con la torre de control de Ixtepec, Oaxaca.

Según una descripción más detallada, el objeto que observaron pasó muy cerca de las ventanillas del avión, el mismo tenía una forma de trompo, de cuya punta pendía como un aparato rígido y el color del mismo era gris metálico, que al darle los rayos del sol brillaba como si despidiera destellos. La hora del avistamiento fue a las 12:05 de la tarde. La torre de control de Ixtepec, Oaxaca, les informó a los capitanes Samayoa y Castañeda, que sí se había lanzado un globo sonda 5 horas antes, pero que el color era diferente al objeto que describieron los pilotos.

Según el comandante del avión guatemalteco, que tiene más de 20 años como piloto y 16,000 horas de vuelo, afirmó que nunca en su vida había visto algo semejante y que había sido una verdadera impresión. El tiempo de avistamiento del OVNI calcularon que fue de 10 segundos. Uno de los pasajeros afirmó que le había causado un pánico atroz, ya que estuvieron a punto de chocar con el OVNI.

En el periódico *El Norte*, del 12 de febrero de 1967, en su página 14, se describe a este mismo OVNI como con forma de trompo de color plateado y con una bola roja en su parte superior.

Este caso, de acuerdo con el periódico *La Prensa*, quedó asentado en el libro respectivo, de novedades de la comandancia del aeropuerto y se archivó.

Otro de los diarios que refieren la noticia anterior es el periódico *Excélsior*, donde se conoce que los capitanes Alfredo Castañeda y Carlos Samayoa, describieron "unos objetos extraños y ovalados como trompos". En otra edición este diario transcribe también que "...Un platillo volador se acercó peligrosamente anoche a un avión guatemalteco..."

La 2da. edición de *Ovaciones*, comunicó que "cuando se encontraban a 14,000 pies de altura vieron a unos 200 metros de distancia un objeto plateado de unos diez metros de diámetro, en forma de trompo y en la parte de abajo una protuberancia de color rojo brillante", dentro de los pasajeros hubo ingenieros que confirmaron el avistamiento. (2da. de *Ovaciones*, 11 de febrero de 1967).

Otros datos importantes los encontramos en el periódico *Últimas Noticias* en su edición del 11 de febrero, "...las sobrecargos Ninette Grosjean y Maribel

Vargas y algunos pasajeros, vieron el objeto, que viajaba a una velocidad de 200 kilómetros por hora..."

La noticia continúa comentándose en los diarios, la 1ra. edición de *Ovaciones* del 12 de febrero de 1967, reporta "...volando a una velocidad aproximada a los 500 kilómetros por hora, vio directamente frente a él un enorme objeto plateado en forma de trompo...

"...A escasos 10 metros del DC-6 dicho objeto efectuó un vertiginoso viraje y pasó al lado izquierdo de la nave a gran velocidad..."

La segunda edición de este diario (*Ovaciones*), dice que el capitán Castañeda tiene 16 mil horas de vuelo y 20 años de servicio.

Por último, *La Prensa* notifica que este parte fue declarado por el capitán de la nave a las autoridades del aeropuerto de la Ciudad de México, así como archivado en los reportes oficiales de los libros de "novedades" de la comandancia del Aeropuerto Internacional.

6 DE AGOSTO DE 1967
FLOTILLAS DE OVNIS EN FORMACIÓN "V"

Un grupo de objetos fueron vistos por miles de personas, entre las 8:10 y las 8:20 P.M. sobre la Ciudad de México. La mayoría de los ciudadanos observó 6 objetos; éstos se vieron en formación, dos en la parte frontal, tres en medio y una en la parte posterior.

Prácticamente todas las personas que se encontraban en el Aeropuerto Internacional de la Ciudad de México observaron esta formación. Técnicos de la torre de control comentaron que fueron 9 objetos, ya que fueron observados a través de binoculares. La tripulación de un avión de Aeronaves de México, reportó haberlos visto, y también un piloto de RAMSA, observó lo mismo.

El testimonio más impresionante proviene de los capitanes Ángel Fojo Ceballos y José Luis Espejo. Ellos volaban un avión de Aeronaves de México un DC-9 (vuelo 145), sobre Salamanca, Guanajuato, a las 8:10 P.M., cuando observaron tres puntos brillantes volando de Noroeste a Sureste diagonalmente en relación a su avión, estimando que estaban de 30 a 40 millas de ellos. El avión estaba a una altitud de 23,000 pies de altitud cuando el capitán Ceballos fue el primero que los observó, llamando la atención del capitán Espejo.

Los OVNIs viajaban a una tremenda velocidad y en perfecta formación; cruzando los OVNIs el horizonte en unos 40 ó 45 segundos. El capitán Ceballos estimó que su altitud era de unos 55,000 a 60,000 pies. Uno de los objetos pareció aproximarse al avión pero a la mitad de su trayectoria viró y se perdió de vista. Los otros continuaron con su trayectoria. Ceballos afirmó que tenían forma redonda y aparentemente de composición metálica. Sin embargo el radar del aeropuerto de la torre de control no los registró.

La corroboración de este avistamiento del día 6 de agosto provino de Denver, Colorado: un productor de teatro, que estaba vacacionando cerca del Lago de Pátzcuaro, reportó que entre las 8:15 y las 8:20 él y su familia se encontraban en la isla de Janitzio... uno de los miembros llamó la atención de los demás, observando una formación en V de unos objetos viajando a una velocidad muy rápida. Cuando primero ellos los vieron en una elevación de 20 grados hacia el sur-suroeste con dirección norte-noreste.

En unos 12 segundos el grupo de OVNIs desapareció sobre el norte-noreste del horizonte detrás de unas montañas, excepto por uno de ellos, el cual se fue al este y a una velocidad ligeramente más baja que el resto. Este objeto aparentemente no estaba en formación con los demás, pero aparentemente viajaba a la misma velocidad.

La forma de los objetos parecía ser en forma de punto con una brillantez blanca extraordinaria. Cada uno de los objetos tenía una cola de 20 veces su tamaño, ésta aparecía fragmentada y desvanecida. (*Ufos Over The Americas*, Jim and Coral Lorenzen, Signet Book 1969).

6 DE AGOSTO DE 1967
NUEVE OVNIS EN FORMACIÓN

"Varios aviadores y muchos curiosos vieron OVNIs", la noticia anterior también es tratada por el diario *El*

Universal. Una nota escrita por Mario Aguirre R., redactor de ese diario, dio a conocer que una flotilla de OVNIs extraños cruzó vertiginosamente el Valle de México. El vuelo de esta flotilla que "marchaban en formación desplazándose a increíble velocidad, fueron observados por los tripulantes de tres aviones, dos en pleno vuelo y unos instantes después de despegar del aeropuerto internacional de la Ciudad de México así como por innumerables curiosos.

"En su trayectoria, al cruzar de Oeste a Este, fueron seguidos con prismáticos por los cuatro encargados de la torre de control del aeropuerto, quienes llegaron a contar hasta nueve cuerpos luminosos.

"En el instante en que desde la torre de control se observaba el movimiento de tales objetos, el capitán del jet de Aeronaves de México, vuelo 919, reportó la presencia de los 'platillos'.

"Un empleado de RAMSA (Radio Aeronáutica Mexicana Sociedad Anónima), que había salido a las 20:12 para observar las condiciones meteorológicas imperantes en la Ciudad de México, también fue testigo del suceso.

"En el reporte que rindió a las 20:20 horas, habló de la presencia de altocúmulos y estrato-cúmulos, así como de 'objetos misteriosos', observados a simple vista.

"Minutos antes y cuando de Guadalajara volaba hacia México, el jet DC-9, vuelo 141 de AMSA, aproximadamente sobre Salamanca, Guanajuato, el capitán

Angel Fojo Ceballos observó cómo fue rebasado por tres cuerpos luminosos, que en 45 segundos se perdieron de vista".

Otro tanto le ocurrió al capitán Vandrecurt, que tripulaba el vuelo 293 de Mexicana de Aviación, de Mexicali a la Ciudad de México.

El capitán Fojo Ceballos, que a su arribo a esta capital fue entrevistado por *El Universal*, describió los cuerpos como unos objetos de forma redonda, "de color brillante metálico" que dejaron al desplazarse una estela luminosa sumamente marcada, que fue lo que más poderosamente llamó su atención.

Explicó que cuando miró los platívolos de inmediato se lo comunicó a su copiloto, el capitán José Luis Espejo, quien llamó a la sobrecargo, una señorita de apellido Alamillo para que contemplara el espectáculo.

Fue la sobrecargo la que para lograr mayor visibilidad apagó las luces de la cabina.

Esto sucedió aproximadamente a las 20:10 horas. Precisó Fojo Ceballos que la nave que tripulaba llevaba una altura de 20 a 25,000 pies, es decir debajo de los 29,000 a que le está permitido volar y calculó que los OVNIs traían una altitud de 50 a 60,000 pies.

Cuando él, el copiloto y la sobrecargo los observaron en el horizonte, aún podía percibirse la separación de la luz y la penumbra. Los objetos viajaban en la claridad. Uno de ellos, empero, desprendiéndose del grupo, "se vino en picada" y dejó una clarísima estela blanquecina, cruzó el horizonte y en cuestión de segundos se perdió en la semioscuridad.

No obstante, el capitán prefirió guardar reserva sobre el asunto y no informar de ellos a las torres de control de Guadalajara o de México.

Fue hasta su llegada a la capital que Fojo Ceballos se informó de que los extraños objetos habían sido observados por otras tripulaciones, cuando se decidió a hablar sobre sus propias experiencias y la de sus ayudantes.

En el Aeropuerto Internacional de la Ciudad de México, a pesar de que la flotilla de "platillos voladores" fue observada perfectamente por varias personas, su presencia en el cielo del altiplano no pudo ser captada por el radar.

Al respecto el ingeniero Guillermo Corona, jefe del control de radar, señaló que muy posiblemente estos cuerpos traían una altitud superior a los 55,000 pies, a la que "teóricamente" llega la capacidad del moderno aparato.

El copiloto del avión de la CMA (Compañía Mexicana de Aviación), que realizó el vuelo 626 de Veracruz a México, dijo a *El Universal* que aún cuando a él no le consta, por no haberlo presenciado, a las 20:25 horas, en que su nave despegó del aeropuerto Las Bajadas, los empleados encargados de surtir el combustible lo interrogaron acerca de si él había visto a 5 "platillos voladores", que pasaron por la costa.

Pensó en un principio que había sido una broma de aquellos trabajadores, pero en México otros colegas suyos lo pusieron al tanto de la "comidilla del día", el tema de los OVNIs que todo mundo comentaba.

El jefe de la torre de control del aeropuerto de esta ciudad explicó al redactor que varias personas desde diversos puntos de la capital estuvieron hablando para informar sobre la presencia de objetos en el cielo capitalino, entre ellos el personal del hangar presidencial. También llamó el señor José Sandoval Rey, que vive en Miguel Schultz 345, en la colonia San Rafael, quien informó que desde la azotea de su casa él y sus parientes vieron perfectamente cómo los OVNIs pasaron sobre... la Ciudad de México... asimismo, el ingeniero Luis González Ortega, con domicilio en Circuito Satélite, testificó cómo la flotilla de "platos voladores" cruzaron sobre la capital de la República.

A esta redacción muchos lectores se comunicaron telefónicamente para informar o inquirir acerca de los "OVNIs" que fueron observados en distintos puntos del país, pero siempre con una orientación de Oeste a Este. (Nota proporcionada por nuestro amigo Ian Norrie qepd).

ENERO DE 1968
UN OPERADOR DE RADAR OBSERVA SEIS OVNIS

En entrevista directa con el operador de radar Jesús Miramón, del Aeropuerto Internacional de la Ciudad de México. Nos refiere que vio cruzar seis objetos plateados a una altitud excesiva y una rapidez increíble, era de noche, él los observó junto con otras tres personas de la torre de control, se comunicaron de inmediato a radar, obteniendo contestación negativa, no los había captado, quizás porque iban a más de 50,000 pies.

El testigo nos dijo que supone que fueron aviones supersónicos. (Entrevista realizada en el Aeropuerto Internacional de la Ciudad de México por Carlos Guzmán, el día 4 de agosto de 1970).

JULIO 3 DE 1968
OVNI SOBRE LA PISTA DEL AEROPUERTO DE ACAPULCO, DURANTE EL DESPEGUE DE UN AVIÓN

Según información dada a conocer en el periódico *Diario de la Tarde* por el reportero Rubén Serratos, los controladores aéreos que se encontraban en la torre de control del aeropuerto "Los Amates" en el puerto de Acapulco del estado de Guerrero, pudieron observar un Objeto Volador No Identificado (OVNI) el cual se encontraba en la cabecera de la pista, uno de los controladores aéreos se mantenía en comunicación con el capitán de un avión mexicano el cual solicitaba autorización para despegar, uno de los controladores checaba con binoculares, tanto la pista como los lados de la misma para evitar que algún obstáculo impidiera el despegue del avión o que personal no autorizado se encontrara en o cerca de la pista del aeropuerto.

Al checar con los binoculares el controlador aéreo observó que hacia la izquierda de la pista se encontraba estacionado a cierta altura un "objeto extraño" (así lo determino él); al tener comunicación con el capitán del avión, le informó de la presencia de dicho objeto y le previno, ya que el OVNI se encontraba en la dirección contraria de la pista sobre la que tenía que rodar para elevarse.

El capitán del avión respondió a la advertencia diciendo "deberían ser los marcianos", a lo que el controlador aéreo respondió "es cierto capitán, no es broma". Segundos después el capitán informó en la misma frecuencia en la que estaba en comunicación con la torre de control del aeropuerto de Acapulco "efectivamente, ya lo avisté también", en ese momento el OVNI se empezó a desplazar y a ganar altura, acto seguido el piloto solicitó autorización para despegar, dándosele la luz verde; el capitán incrementó la potencia del motor y despegó del aeropuerto. Ya en vuelo, según el informe, el capitán trató de seguirlo en el avión, operación que no tuvo éxito, ya que no logró siquiera alcanzar al OVNI, el cual incrementó su velocidad y altura hasta que el capitán lo perdió de vista, no se dio a conocer ni la forma ni el color del OVNI avistado por los controladores aéreos ni tampoco el nombre del capitán piloto aviador.

La década de 1970-80

Casos Extraordinarios

El inicio de esta década, es una de las más importantes para México desde el punto de vista ufológico, ya que en ésta se suceden dos de los casos clásicos que pasarán a ser mencionados por la mayoría de las revistas de la época como casos únicos en el mundo, nos estamos refiriendo a los casos de los pilotos Carlos Antonio de los Santos y al de Rafael Pacheco Pérez.

Debido a la importancia de estos dos casos y con el propósito de que las nuevas generaciones conozcan los pormenores de los mismos, los presentamos en forma muy específica; en el primer caso se incluye una entrevista realizada por Carlos A. Guzmán al capitán Carlos A. de los Santos. En ella se revelan aspectos hasta hoy desconocidos. En el segundo caso, el referido a Pacheco Pérez, transcribimos la investigación realizada por nuestro amigo, el investigador Fernando Téllez Pareja, que fuera publicada en la célebre revista mexicana de 1970, *Contactos Extraterrestres*.

ENERO 1 DE 1970
OVNI EN FORMA DE SEMICÍRCULO DE COLOR NEGRO

Un Objeto Volador No Identificado que se desplazaba de oriente a poniente a una velocidad de 60 a 70 millas por hora, fue observado ayer por varias personas en el aeropuerto internacional de la Ciudad de México, informaron las autoridades aeronáuticas de ese lugar.

El OVNI que apareció por el Palacio de los Deportes se perdió pocos segundos después. La descripción de este objeto era como de un semicírculo de color negro que se desplazaba a una velocidad vertiginosa. Tanto autoridades como personal de esa terminal aérea le manifestaron al reportero del periódico *La Prensa* que el mismo fenómeno ya se había registrado con anterioridad; sin embargo en algunas ocasiones el OVNI desprende una luz intensa y en otras ha sido muy opaco. (*La Prensa*, 2 de enero de 1970).

JULIO DE 1970
OBJETO CON LUZ BLANCA CERCA DE UN BECHCRAFT

El siguiente caso fue relatado por el capitán Raúl Romero, quien tiene más de 30 años como piloto. Según su relato, despegó del aeropuerto de Guadalajara con destino a Hermosillo, ambas ciudades ubicadas al norte de México. Según el capitán Romero, despegó hacia las 10 de la noche. En la ruta que llevaba el avión se encontró con mal tiempo, y en la ultravez de Tepic, a 90°, el tiempo mejoró, quedando buena visibilidad, pudiéndose observar, inclusive, las estrellas.

El vuelo siguió sin problemas, pero, de repente, observaron una "luz", parecida a la de una máquina de ferrocarril.

El capitán Romero preguntó al copiloto si también la veía, respondiendo afirmativamente. El capitán preguntó "¿Como qué será?", contestando el copiloto que parecía un ferrocarril, pero un ferrocarril no puede estar a 20,000 pies.

El avión era controlado por Centro Mazatlán, pero para este momento ya se encontraban cerca de Hermosillo. El capitán cambió de frecuencia radial a Centro Hermosillo, preguntando indirectamente si tenían un tráfico a "tal" posición de su avión, que pudiera detectarse en sus pantallas de radar.

A continuación, la conversación del capitán Romero con Centro Hermosillo:

—Buenas noches, y para su información, me voy a despedir de la frecuencia de Mazatlán y ya estoy en contacto con ustedes. Estoy a 35 millas al sur de su estación y para información favor de reportarme si tiene algún tráfico en ruta, si me pudiera informar si hay un tráfico en la zona opuesto a mi trayectoria, sobre mi ruta.

Centro Hermosillo:

—No, el único que tengo aquí es un Comet de Mexicana... (De Havillan Comet, avión de fabricación inglesa que voló por varios años al servicio de Mexicana de Aviación durante toda la década de 1960 y principios de 1970, cabe mencionar que según la información que dio a conocer el capitán Romero, él volaba un avión del tipo Beechcraft 90 King Air Turbohélice).

—...el cual se está reabasteciendo de combustible en la plataforma. ¿Tiene usted a la vista un objeto?

—Sí, afirmativo.

—¿A qué distancia lo tiene?

—Es inapreciable. No sé si sea a 20 millas o a 15... es inapreciable.

—Manténgase en esta frecuencia e informe cualquier movimiento o cualquier cosa. Nos informa; nosotros también lo tenemos a la vista en la torre de control.

Pasando unos minutos, el OVNI se perdió hacia el Oeste, adquiriendo una velocidad muy grande y perdiéndose hacia el horizonte.

Capitán Romero:

—En este momento acaba de desaparecer el objeto al Oeste y con una velocidad que no puedo calcular, y dejó marcada una estela de luz como verde.

—Nosotros también lo observamos.

Pasando cinco minutos de vuelo, aquel objeto con luz blanca volvió a aparecer en la misma posición y después, pasando otros minutos, volvió a desaparecer. Esto fue en los momentos en que se solicitó permiso para aterrizar en el aeropuerto de Hermosillo, Sonora.

Ya en el aeropuerto el capitán Romero llamó al controlador y hablaron sobre el incidente. El capitán Romero no realizó ningún reporte sobre el hecho mencionado, guardando por 30 años el capitán Raúl Romero, su copiloto y el controlador aéreo de la torre de control de Centro Hermosillo, los datos que armaron este caso sucedido a mediados del año 1970.

AGOSTO 18 DE 1970

"Entre las 5 y las 7 de la mañana la sala de radar de la terminal aérea registró la posición de objetos no identificados, estos objetos se detectaron exactamente arriba de la torre de control." El hecho provocó que José Luis Enríquez y Jorge Parlang, de la torre de control, dieran aviso de los Objetos No Identificados que registraban los radares a los aviones de American Airlines, que salieron las naves reportó "no haber visto nada... ni siquiera la semejanza de un platillo volador", dijeron a través de la radio.

De las personas identificadas que llamaron al aeropuerto para reportar la presencia de estos objetos fue el Sr. Joaquín García. Otra persona identificada como J. A. Manríquez y con profesión en Agronomía, "aseguró que los OVNIs vistos eran circulares, muy brillantes y que parecían focos de gran luminiscencia con colores azulado y amarillento". (*Los OVNIs en México*, Santiago García, Editorial Posada 1973).

OCTUBRE 13 DE 1970
EL RADAR DEL AEROPUERTO DE LA CIUDAD DE MÉXICO REGISTRA LA PRESENCIA DE TRES OBJETOS NO IDENTIFICADOS

Entre las 5:30 y las 7 de la mañana, estos objetos permanecieron estáticos por varios minutos sobre la torre de control.

Los técnicos de la torre de control, tuvieron comunicación con las aeronaves que estaban aproximándose a Centro México, para saber si éstas tenían algún contacto visual con algún objeto desconocido.

Entre los vuelos que recibieron dicha comunicación de la Compañía Mexicana de Aviación fueron los vuelos 501 a Acapulco, 926 a Puerto Vallarta, 203 a Oaxaca, 910 a Los Angeles, 609 a Mérida y 301 a Miami; de Aeronaves de México, el 300 a Acapulco, el 109 a Puerto Escondido, el 210 a Guadalajara, etc. Incluso varios vuelos de aerolíneas internacionales.

Vecinos de las colonias circunvecinas al aeropuerto, como la Federal, Aviación Civil, Caracol, Arenal, López Mateos, Pantitlán, entre otras, llamaron a la comandancia del aeropuerto desde las 5 de la mañana para comunicar las observaciones que se estaban teniendo de estos objetos desconocidos.

(*El Sol de México*, edición del Mediodía, Martes 13 de octubre de 1970/*El Universal*, Miércoles 14 de octubre de 1970/*Tribuna de Monterrey*, 14 de octubre de 1970).

Carlos Guzmán realizó una investigación sobre este caso en las instalaciones del Aeropuerto Internacional, y se logró hablar con el Sr. Manuel Hernández, quien constató las notas de los periódicos. Pero, sin embargo, él visualmente no lo testificó.

Días después se logró encontrar a otro técnico radarista, el Sr. Abraham González quien dijo: "El martes 13 de octubre de 1970 a las 5:45 de la mañana aterrizó en el Aeropuerto Internacional de la Ciudad de México, un DC 8 de Canadian Pacific, vuelo No. 421 procedente de Lima.

"Este avión, cruzó el campo unos minutos antes con rumbo norte por lo cual algunas personas creyeron, entre ellos los periodistas de *El Sol de México*, que se trataba de unos OVNIs, estas personas posteriormente al aterrizar el DC 8 de Canadian, hablaron a la torre de control del aeropuerto de la Ciudad de México y el controlador en turno, Sr. González les contestó que no había visto ningún objeto que no haya sido el DC 8 de Canadian Pacific, puesto que a la llegada de ese avión se tenía la pantalla con un alcance de 30 millas y no se vio en absoluto ningún solo objeto que no haya sido el DC 8".

Nota: Esta es la entrevista que se sostuvo con el Sr. González, radarista de la torre de control el día 21 de octubre de 1970.

Mi percepción fue que realmente había visto algo desconocido en la pantalla, pero oficialmente no se confirmó el hecho.

24 DE MARZO DE 1971
AVIÓN COMERCIAL GOLPEADO EN SU VUELO POR OBJETO DESCONOCIDO

El piloto de un avión DC8-63 de Aeronaves de México, el cual cubría la ruta Tampico–Ciudad de México, despegó del puerto sin referencia de horario, (Tampico) y durante su operación de despegue sintió un fuerte impacto, en la zona de la cola del avión, razón por la cual solicitó permiso para regresar al aeropuerto.

Al informar de la razón de su regreso y examinarse la parte inferior de la cola del avión del DC-8, tanto la tripulación como personal de tierra pudieron darse cuenta de que el avión tenía sumida la parte del plano menor (parte anterior de la cola del avión), ocasionada al parecer por un fuerte golpe en el área, el personal de mantenimiento se preguntaba cuál sería la razón del golpe sufrido en la parte posterior del DC-8 y qué objeto volador durante el despegue se lo pudo ocasionar. Esta investigación fue realizada periodísticamente por el Sr. Alberto Montemayor. (Revista *Duda* No. 10).

1 DE JUNIO DE 1973
PILOTOS Y PERSONAL AÉREO
REPORTARON UN EXTRAÑO "ARTEFACTO"

Personal de la torre de control del aeropuerto de la Ciudad de México, pilotos y varias personas ubicadas en el lugar mencionado, observaron un "artefacto" del cual se desprendía una extraña luz además de realizar maniobras que no eran propias de un avión, sus evoluciones se tornaron en giros de 360 grados, desplazándose posteriormente a gran velocidad. Incluso algunos pilotos reportaron que lo que hubiera sido parecía que iba envuelto en llamas.

"Emilio Estañol, empleado del Aeropuerto Internacional de la Ciudad de México, dijo que él vio el objeto luminoso en el cielo, como a unos 16 kilómetros al noroeste del aeropuerto. La sorpresa aumentó al descubrir que en las pantallas de radar estaba registrada la presencia del OVNI." (*Diario de la Tarde*, viernes 1 de junio de 1973).

En otro de los diarios de la capital mexicana se registra la siguiente noticia "Los OVNIs rondan el Aeropuerto"... Dos supervisores mencionaron de su presencia... El del turno vespertino, Fernando Dizcua, afirmó ayer que hace unas noches vio cruzar frente a su campo visual un objeto luminoso cuya presencia no pudieron captar los radares... El objeto, siguió diciendo, se desplazó a velocidad vertiginosa, cortando hacia el Sureste, para posarse en la cumbre del Cerro de la Estrella. "Lo vimos todos", insistió

Dizcua, "incluso algunos pilotos privados y comerciales, y también nos telefonearon vecinos de Iztapalapa que lo habían visto".

El controlador Emilio Estañol, quien cubre el turno de la mañana, informó que observó una luz cuyo color se asemejaba muchísimo al color desprendido por las soldaduras autógenas. De acuerdo a su versión la "cosa" llegó a desarrollar "giros de 360 grados en fracciones de segundos sin producir ruido de ningún tipo", deteniéndose repentinamente para luego desplazarse a gran velocidad. (*El Sol de México*, Viernes 1 de junio de 1973).

Causa polémicas la supuesta aparición de OVNIs sobre el D.F. Son más los que no creen en su presencia. Experimentados pilotos nunca los han visto. Algunos pasajeros se sintieron nerviosos.

El tema de conversación de ayer, entre pilotos, sobrecargos, funcionarios y pasajeros de las diversas líneas aéreas, fue la supuesta aparición de "OVNIs" sobre la Ciudad de México.

"Tengo más de 18 mil horas de vuelo. He cruzado los océanos en repetidas ocasiones, de día, de noche, con lluvia, fuertes vientos, etc., y jamás he visto un platillo volador", dijo el capitán Miguel Uriarte, de la primera Región de Inspección Aérea para exámenes de Vuelo. "Creo que se trata de alucinaciones o de alguna estrella fugaz, que ha dado pie a creer que se han visto platillos voladores u 'OVNIs' sobre el firmamento mexicano", añadió.

Lidia Seban, sobrecargo de Aeroméxico, quien tiene más de 13 años de prestar sus servicios como tal, aseguró que jamás ha visto algo extraño durante sus viajes.

Por su parte, el capitán Alfredo Coppola Ortiz, que tiene en su haber mil 500 horas de vuelo, subrayó "yo no he visto tales cosas, pero no descarto la posibilidad de la existencia de platillos voladores u OVNIs".

Para el capitán Antonio Cervantes Mendoza, inspector de Aeronáutica Civil, no existen tales "OVNIs" y dice que no debe darse crédito a comentarios sobre el particular. Cervantes Mendoza tiene más de 13 mil horas de vuelo y desde 1941 presta sus servicios como piloto: "nunca he visto tales cosas".

"Me han preocupado las noticias que han circulado sobre la aparición de platillos voladores" dijo en tono nervioso la señora Ma. Luisa Montoya de Armenta, minutos antes de abordar el avión que habría de conducirla ayer a la ciudad de Guadalajara.

Muchos funcionarios de las diversas empresas de aviación, comentaban las noticias aludidas, pero ninguna quiso exteriorizar sus puntos de vista. (*El Sol de México*, 2 de junio de 1973).

El periódico *Avance* en su edición del 1 de junio, también reportó lo anterior, pero señala… hace algunos días… por lo que la anterior noticia no se puede estipular el día exacto de la observación, por lo que hay que considerar que el hecho sucedió en los últimos días de mayo.

Por último, el periódico *Diario de México* publicó: "Fernando Discua y Emilio Estañol, empleados de la torre de control del aeropuerto de esta capital, aseguran haber visto en varias ocasiones objetos voladores no identificados. Añadieron que testigos de ello fueron dos pilotos, uno de un jet comercial y otros de un avión particular.

"Fernando dijo que hace unos días —no precisó cuántos—, estaba de servicio por la tarde, cuando vio cruzar frente al aeropuerto un objeto luminoso que fue captado incluso en la pantalla del radar, pero que no pudo ser identificado.

"Siguió diciendo Discua que el referido OVNI descendió en el cerro de La Estrella, por Iztapalapa, y el cual iluminó en forma muy extraña.

"Emilio Estañol manifestó que en otras ocasiones vio un aparato no identificado como a unos 16 kilómetros al noroeste del Aeropuerto, el cual despedía una extraña luz y realizaba maniobras que no eran propias de un avión. Dentro de estas maniobras —dijo Estañol— realizaba giros de 360 grados; se sostenía en el aire y de pronto iniciaba una veloz carrera, que difícilmente podría realizar una aeronave.

"Esa vez —añadió Estañol—, todos lo vimos, y nuestra primera reacción fue de sorpresa; posteriormente cuando comprobamos que el radar captaba aquel objeto extraño, sentimos cierto temor, por ser esto algo desconocido". (*Diario de México*, Viernes 1 de junio de 1973).

5 DE SEPTIEMBRE DE 1973
OVNIS IRRADIANDO INTENSÍSIMA LUZ AZUL

Varios objetos desconocidos fueron observados a baja altura la noche del 5 de septiembre a las 10:15 de la noche. El periódico *El Norte* recogió el testimonio del capitán piloto aviador Omar González, en su declaración a ese diario de la ciudad de Monterrey, dijo: "...las extrañas naves (dos) irradiaban una intensísima luz azul y su velocidad era muy superior a cualquier jet, la dirección de estos objetos fue al sur-este de Monterrey...

"Añadió que a una altitud relativamente baja, más o menos dos o tres mil pies, el o los platillos voladores se suspendieron durante unos ocho o diez segundos. Se mantuvieron estáticos y luego desaparecieron a una velocidad endemoniada".

El capitán González agregó "la intensísima luz azul, su detención en el espacio y luego su movimiento a velocidad increíble, no pudo haber correspondido a ningún aerolito, mucho menos a un avión ordinario.

"El platillo volador se perdió entre las nubes, hacia arriba, cosa que tampoco podría hacer ninguna nave conocida por el hombre.

"Una escuadrilla de OVNIs", reportó el capitán piloto aviador Andrés Cruz Pérez, quien acababa de hacer un vuelo, y que vio este fenómeno al estar en tierra al lado de sus compañeros.

Refiere el capitán P.A. Cruz que como a las 10:22 de la noche, observó algo inusual que volaba con una intensa luz.

"...Estoy acostumbrado a ver los jets, y toda clase de naves, pero este objeto jamás en mi vida lo había visto, era algo sumamente extraño y nuevo para mí...

"...Era un grupo de cómo diez luces espaciales, desplazándose a la misma velocidad, tal y como si se tratara de un tren en movimiento y sus ventanillas abiertas, o las ventanillas de un avión en la oscuridad.

"Estas luces —agregó el capitán— no eran iguales o parecidas. ...Volaban a baja altura y a una velocidad constante y lenta. Éstas... se fueron con dirección al Cerro de la Silla, donde se perdieron".

Lo anterior fue corroborado por muchos testigos de la ciudad de Monterrey.

La patrulla de caminos No. 30 al mando del capitán Alberto Palomino, se encontraba de servicio, observó el extraño caso junto con la tripulación de la patrulla.

Lo anterior ocurrió en la colonia Carranza, y poco después eran recibidos reportes de la Colonia Las Puentes, la Artillero, San Nicolás, Guadalupe, etc.

Un sinnúmero de llamadas telefónicas recibió el diario *El Norte* reportando el suceso. (*El Norte*, jueves 6 de septiembre de 1973, Monterrey, N.L.).

21 DE JUNIO DE 1976
¿PILOTO ABDUCIDO?

El siguiente caso se puede clasificar como el segundo caso más importante que ha ocurrido en los anales de la ufología mexicana referido al tema de OVNIs y PILOTOS, dada la acuciosidad con que fue investigado el presente caso por mi amigo y colega desde la adolescencia, Fernando Téllez Pareja.

Relatamos a continuación su investigación con su correspondiente permiso, ésta fue publicada por la mejor revista de OVNIs que ha tenido México en todas su épocas *Contactos Extraterrestres*; a continuación la transcripción del caso.

"La mañana del 21 de junio de 1976, Rafael Pacheco Pérez, estudiante de la Escuela de Aviación México, debía realizar un vuelo local a Chimalhuacán, en Texcoco, en cuyas pistas de tierra realizan sus prácticas todos los alumnos de las siete escuelas de aeronáutica que existen en nuestra capital.

"A las 8:15 de ese día, Rafael abordó la avioneta Cessna 150, con matrícula XB ZOX (Extra Bravo Zulú Oscar Extra); despegó a las 8:25, y enfiló hacia el este, con rumbo a Chimalhuacán. El tiempo reinante en el Aeropuerto Internacional Benito Juárez y zonas circundantes era nublado y con bruma, pero no al grado de que llegara a representar algún peligro.

"Un vuelo de esa naturaleza requiere de 60 a 90 minutos, efectuando unos ocho aterrizajes y despegues;

sin embargo, transcurrieron dos horas sin que se tuvieran noticias de la ZOX. Fue entonces cuando el director de la escuela, Cap. Miguel Batanero, ordenó que varias avionetas salieran para localizar a Rafael, ya que se temía que hubiera tenido un accidente.

"Alrededor de las 11:15 horas, estando en plena búsqueda, el capitán Batanero recibió una llamada de larga distancia del capitán Ortiz Lara, jefe de pilotos de la escuela, que se encontraba en el aeropuerto de Acapulco dando instrucción a un alumno, y quien le avisó que la avioneta XB ZOX, que no tenía por qué estar allá, se había reportado y estaba a punto de aterrizar."

HIPNOTIZADO POR LOS EXTRATERRESTRES

El capitán Ortiz comunicó también a su superior que algo le pasaba a Rafael, ya que había pronunciado un mensaje de unos 40 minutos, dirigido a la humanidad, y hablaba de que había sido hipnotizado por seres extraterrestres. Muy contrariado, el capitán Batanero ordenó que al bajar del avión se le practicara un examen médico en presencia de las autoridades aeronáuticas de Acapulco.

"Rafael aterrizó a las 11.22 horas, y fue llevado de inmediato a la comandancia del aeropuerto, donde el Dr. Ernesto Vélez Astudillo hizo constar lo siguiente:

"'El que suscribe... extiende el presente certificado médico al señor Rafael Pacheco, que después de haber examinado, se encontró clínicamente sano'. Inmediatamente después se procedió a levantar un acta informativa oficial para dar fe del suceso."

Debido a la extensión de ésta, sólo transcribiremos los pasajes más sobresalientes.

HABLA UNA PERSONA DE OTRO PLANETA

"A las 12:40 horas del día 21 de junio de 1976 comparecieron ante las autoridades de la comandancia del aeropuerto Internacional Juan N. Alvarez de Acapulco, Guerrero, los señores controladores de área Jorge Villagrán Castañeda y Carlos de Kretschy y Obermaier, el piloto estudiante Rafael Pacheco Pérez, y el capitán piloto aviador Manuel Ortiz Lara".

El primer turno le correspondió al controlador Villagrán, quien declaró: "Eran las 10:30 horas aproximadamente cuando el avión matrícula XB ZOX hizo contacto con la torre de Acapulco en su propia frecuencia de 118.5 megahertz, solicitando se le designara otra frecuencia para dar un mensaje. Le dije que procediera en la misma, a lo cual la ZOX insistió en la asignación de otra diferente, debido a que el mensaje era demasiado largo. Se le asignó la 123.45; posteriormente, habiendo hecho contacto con la nueva frecuencia, la ZOX dijo que el piloto de la aeronave se encontraba bajo efecto hipnótico y que estaba siendo utilizado como medio para pasar el mensaje. Este decía: 'La persona que habla es de otro planeta;

vengo en son de paz, no quiero perjudicar al piloto ni a ninguna otra persona'. Posteriormente continuó transmitiendo una serie de fantasías por un tiempo de 45 minutos aproximadamente..."

CONVERSACIÓN CON LOS SERES EXTRAÑOS

Aparece en seguida en el acta la declaración del controlador Krestchy, el cual manifestó: "Habiendo escuchado la conversación sostenida entre el compañero Villagrán y los famosos seres extraños, accedí a tomar la comunicación en la frecuencia 123.45, en donde la persona siguió haciendo una serie de aseveraciones en contra del ser humano.

"Nos hizo ver que éramos una civilización inferior y que no estábamos solos en el Universo; que había muchas otras civilizaciones físicamente parecidas a nosotros, pero mentalmente mucho más desarrolladas. Dijo también que estábamos próximos a una catástrofe mundial, ya que somos los únicos seres en el Universo que tenemos una mente autodestructiva, y que por el contrario, ellos era una civilización positiva y creadora. Que ellos tienen poderes para aniquilar en un instante todos nuestros aparatos modernos y armamentos atómicos.

"Considerando yo en lo personal que de acuerdo con la duración del mensaje, que llevaba ya unos 30 minutos, la aeronave en la que iba volando el piloto en estado hipnótico ya debería estar muy lejos, explicó esta voz que la aeronave espacial estaba volando sobre Acapulco a unos 50,000 pies de altitud, en forma estática, y que la Cessna 150 estaba volando en círculo al sur de Acapulco. Hizo también la observación de que tenían el poder de cambiar el color de la aeronave, para que ésta no fuera vista por los terrestres; que en un momento dado podía ser azul como el cielo o blanca como las nubes".

¿CÓMO ES QUE HABLAN ESPAÑOL?

"Se le hizo a esta voz una serie de preguntas, como: 'Si son tan perfectos, ¿cómo es que hablan español?' A esto la voz contestó que podían entender cualquier idioma en cuestión de segundos. Se le hicieron varias preguntas en alemán y respondió, habiendo entendido perfectamente lo que le dije en un inglés regular.

"Me explicó que el mensaje debía terminar para que el piloto pudiera aterrizar sin problemas de combustible. Se le preguntó si veríamos alguna vez esa nave espacial, respondiendo que no sería vista nunca, porque somos tan destructivos y agresivos que con seguridad atacaríamos violentamente a la nave.

"Esta voz se escuchaba sin ningún titubeo; con mucha facilidad de palabra, pero pausada. En ningún momento accedió a cambiar de frecuencia, y pocos instantes después se escuchó nuevamente la misma voz, diciendo: 'Soy el 82. ¿Con quién hablo y en dónde estoy?' Se le pidió a esta persona su identificación y noté que estaba completamente confundida; le dije nuevamente que diera la identificación de la aeronave en que estaba volando y que hiciera contacto con la frecuencia 121.5 megahertz (con el fin de que esto sí se grabara). Una vez hecho el contacto siguió diciendo que era el estudiante 82 de la Escuela México y que no sabía cómo era que se encontraba al sur de Acapulco. Pidió que se avisara a la escuela su situación, explicándole que el capitán Manuel Ortiz Lara estaba en Acapulco y había escuchado todo este mensaje a bordo de la avioneta Cessna 310 matrícula XB LON (Extra-Bravo-Lima-Oscar-Néctar)."

Siguió el testimonio de Rafael Pacheco Pérez, el cual omitiremos para citar después su declaración completa, y llegó el turno del capitán Manuel Ortiz Lara, quien manifestó: "Me encontraba volando, dando entrenamiento y sintonizando las mismas frecuencias mencionadas, por lo cual me di cuenta de la conversación que sostuvieron con el tripulante del avión ZOX".

UN ESTUDIANTE MODELO

El día 22 de junio entrevistamos al director de la escuela de Aviación México, capitán Miguel Batanero García, quien refiriéndose a Rafael, nos dijo:

"El muchacho es un modelo de estudiante; sus calificaciones son altísimas y tiene el primer lugar en la escuela. Es muy serio y no lo conocemos como mentiroso. No quiero decir que esto sea verdad o mentira, pero en 17.000 horas de vuelo yo nunca he visto OVNIs o platillos voladores. Soy totalmente escéptico, y en un momento pensé que era una excusa como paliativo de una falta. Pero tratándose de un muchacho como éste, y tomando en cuenta además la conversación sostenida en alemán y en inglés, pues... todo eso me hace pensar".

Rafael Pacheco Pérez es un joven de 23 años, y hasta la mañana del 21 de junio tenía 53 horas de vuelo, o sea que puede considerarse que sólo conocía las normas elementales de la aeronáutica. No se encontraba ese día bajo la influencia del alcohol o alguna droga, como se comprobó posteriormente. No habla alemán y en cuanto al inglés, sólo conoce el vocabulario técnico relacionado con sus estudios. Esto lo pudimos comprobar al hacer que contestara un cuestionario en inglés sobre su experiencia, del cual sólo entendió palabras sueltas.

No fue sino hasta el 24 de junio que pudimos hablar con Rafael, al terminar la enésima entrevista que concedió a la prensa.

Nos pareció un joven serio y sencillo que no trataba de utilizar su instantánea fama para alimentar su ego, sino todo lo contrario, ya que este suceso le podía traer como consecuencia la interrupción de sus estudios y el no conseguir la ansiada licencia para dedicarse a la aeronáutica, que constituye, según nos dijo, su verdadera vocación.

LOS INSTRUMENTOS SE VUELVEN LOCOS

Después de relatarnos cómo se había iniciado su vuelo, Rafael agregó lo siguiente: "A las 8:35 horas, al ver que me había desviado de la ruta hacia la derecha, traté de virar hacia la izquierda, pero los controles no respondieron; se habían trabado en posición de ascenso. Yo estaba en la fase de despegar y ganar altura, y no me había nivelado todavía.

"Esto ocurrió como a 7 u 8 millas al este del aeropuerto. El indicador marcaba un ligero ascenso de unos 150 a 200 pies por minuto, y me encontraba a 800 pies de altitud.

"Al principio lo que más me importaba era destrabar los controles, pero los relojes empezaron a oscilar al mismo tiempo. La brújula giraba velozmente, las agujas iban de izquierda a derecha; todos los instrumentos se habían vuelto locos.

"Pasaron unos dos minutos; después entré en una nube muy densa y continué ascendiendo. Estuve dentro de ella 6 o 7 minutos; no tenía visibilidad. Salí de la nube y me encontré entre montañas; yo no sabía mi posición exacta. Traté de localizar el Popocatépetl, pero como las nubes estaban bajas, debe haber estado completamente cubierto.

"Llamé durante dos minutos a la Torre México en su frecuencia 118.1 megahertz y no me contestaron. Cambié la frecuencia 121.5, e incluso hice llamadas Mayday y Pan (de emergencia), pero nadie me respondió.

"Cuando noté lo de la brújula y los instrumentos, instintivamente busqué en la proa, en los costados del avión y arriba, y no vi nada. Trataba de encontrar la causa; electricidad estática, campo magnético, cualquier cosa a la que pudiera atribuir el desperfecto.

"Ya estando fuera de la nube, y mientras continuaba llamando sin resultado, noté que el altímetro era el único instrumento que parecía funcionar bien. La última lectura fue de 10.000 pies; de ahí en adelante no recuerdo nada, sólo que sentí que tenía sueño y que estaba a punto de dormirme."

INCREÍBLE DESPERTAR

"Cuando volví a tener conciencia, me encontraba sobre mar abierto. Estaba a 7,000 pies de altitud, según marcaba el altímetro, y cuando vi el mar me extrañó mucho; creí que estaba soñando. Tomé el micrófono y llamé: 'Estudiante 82 a cualquier estación que me escuche'. Inmediatamente tuve respuesta de Torre Acapulco, y me ordenaron que cambiara a la frecuencia 121.5, que es la de emergencia. Ignoro en qué frecuencia estaba transmitiendo antes.

"Después me preguntaron mi posición, y respondí que la desconocía, pero que estaba volando sobre el mar. Me pidieron que localizara tierra y encontré una franja muy pequeña; lo informé así y me dijeron que me dirigiera allá. Estaba a unas 7 o 10 millas de la costa... Me preguntaron si veía hoteles; todavía estaba muy retirado, pero al acercarme los pude ver y así lo informé, diciéndome la Torre que era la Bahía de Acapulco y que el aeropuerto estaba a la derecha. Crucé el litoral; el combustible del tanque izquierdo se había agotado, y el tanque derecho estaba casi vacío. No sabía qué cantidad de combustible tenía, y así lo informé a la Torre Acapulco. Me dijeron que aterrizara en la pista 24, y que en caso de emergencia utilizara cualquiera disponible. Aterricé, me dirigí a la plataforma y vi un Cessna 310 de la escuela. Se trataba del XV LON, en donde el capitán Ortiz había oído todo el mensaje junto con Fernando Acosta, alumno al que le estaba dando instrucción sobre bimotores.

"El capitán Ortiz fue a mi encuentro y le pregunté: 'Capitán, ¿qué hago aquí?' Y él me dijo: 'Si tú venías en la avioneta y no lo sabes, menos yo'.

"Ya después los controladores y el propio capitán Ortiz me empezaron a contar lo que yo había dicho. Yo no me acuerdo de nada; si no me hubieran hablado de esos seres que tantos problemas me han traído, habría pensado que me había dormido y nada más".

¿TRIÁNGULO FATÍDICO EN CHIMALHUACÁN?

Rafael ya había sufrido un accidente aéreo en Chimalhuacán, y casualmente unos diez días antes del incidente del 21 de junio, también había tenido problemas de paralización de controles en la misma zona, según nos relató.

"Tuve el accidente el 5 de abril de 1976, a bordo de la XB-COT (EXTRA-BRAVO-COCA-OSCAR-TAYGO), en las pistas de Chimalhuacán. Me encontraba haciendo prácticas de toque y despegue, y al parecer traía la nariz muy baja. Al hacer contacto con el suelo, la avioneta se clavó de nariz y yo me estrellé contra el parabrisas. Y curiosamente, el 12 de junio, entre las 10:30 y las 11:00, también a bordo de la COT, y al volar sobre la zona de Chimalhuacán, los controles se trabaron. Me comuniqué a la escuela y me indicaron lo que debía hacer. A los 20 minutos se destrabaron; primero los pedales y después el timón, y posteriormente aterricé en Chimalhuacán".

Los alumnos de la escuela llaman a esa zona —un poco en broma— el Triángulo de Chimalhuacán, y creen que el incidente del 12 de junio pudo haber sido un contacto preliminar.

El capital Manuel Ortiz Lara, instructor de la Escuela de Aviación México, comenta que cuando Rafael aterrizó, él se le acercó y le hizo "algunas preguntas respecto a la frecuencia de la Torre Acapulco, y no la sabía. Revisé personalmente el avión, pensando que podría encontrar alguna droga, cualquier cosa, pero no encontré nada".

Al preguntarle al capitán Ortiz si existía alguna grabación del mensaje, nos contestó: "Sólo se grabó cuando el piloto llamó por primera vez a Torre Acapulco y cuando al volver en sí cambió a la frecuencia normal, que es la única que tiene grabadora. También me han dicho que hay una cinta extraoficial grabada por un señor que trabaja en Aeropuertos y Servicios Auxiliares, llamado Antonio Aguilar, pero parece ser que quiere dinero por ella".

¿CÓMO PUDO LLEGAR A ACAPULCO?

El aparato que tripulaba Rafael era una avioneta Cessna, modelo 150, con cupo para dos personas. La misma no cuenta con sistemas auxiliares tales como el V.O.R. (Very High Frequency Omni Directional Range) o el A.D.F. (Automatic Directional Finder). Está destinada a vuelos locales de práctica, y es un avión vulnerable. Además, el joven piloto no llevaba ese día carta de navegación, plan de vuelo, plotter ni computador (especie de transportadores geométricos que se utilizan para calcular distancias sobre las cartas de navegación). Rafael sólo había realizado un vuelo sobre ruta —con instructor— a León, Guanajuato, y nunca había volado a Acapulco.

En suma, el muchacho no estaba capacitado para volar solo a Acapulco, aunque hubiera llevado consigo el material necesario para orientarse en su vuelo, y aun cuando la avioneta hubiera contado con los sistemas auxiliares que mencionamos anteriormente.

Un vuelo a Acapulco siguiendo la ruta de México a Amecameca, de ahí a la Laguna de Tequesquitengo en el Estado de Morelos y luego a Acapulco, Guerrero, es realizado normalmente por una avioneta en

2 horas 20 minutos. (Esta ruta es la que siguen los estudiantes, para evitar el cerro del Ajusco y las montañas aledañas).

TIEMPO RÉCORD AL PUERTO GUERRERENSE

Debido a su propósito original de ir a Chimalhuacán, lo cual implica una desviación en la ruta hacia Acapulco, Rafael debió haber llegado a dicho puerto en unas dos horas y media, y si tomamos en cuenta su mensaje de 40 minutos, esto daría un tiempo total de vuelo de 3 horas 10 minutos.

Al dirigirse Rafael hacia el sureste del D.F. y enfilar hacia el lago de Tequesquitengo, el radar no detectó su avioneta debido a que ésta debe haber volado a una altura promedio de 7 a 10 mil pies, y como el Ajusco tiene una altura de 12.917 pies y la cadena de cerros aledaños de 12.000, las ondas del radar nunca llegaron a tocar a la XB ZOX, y no se conoció su posición sino hasta que estableció contacto con Torre Acapulco, aproximadamente sobre la estación de Mojoneras, a 25 millas terrestres de Acapulco, y a 18 minutos de vuelo.

Rafael perdió la conciencia como a las 8:45, y se comunicó con Torre Acapulco a las 10:30 horas, al estar volando sobre Mojoneras, o sea que hizo un tiempo de 1 hora 45 minutos, que sumado a los 18 minutos de vuelo que hay entre Mojoneras y Acapulco nos da 2 horas 3 minutos; un tiempo récord, sobre todo si consideramos la desviación a Chimalhuacán.

Se presentaron también efectos electromagnéticos, tales como la desorientación de la brújula que giraba a gran velocidad, y la alteración de las agujas de todos los instrumentos.

Además, al empezar los problemas, Rafael no pudo transmitir ni escuchar ninguna conversación por radio, o sea que algo impedía la propagación de las ondas hertzianas.

El aeropuerto de Acapulco no tiene radar, por lo que no se pudo detectar ahí la presencia de la "nave extraña", a 50,000 pies de altura.

INEXPLICABLE SILENCIO

En un principio, al empezar a investigar el caso, creímos que todo era un cuento inventado por el piloto, pero a medida que fuimos profundizando en los hechos, no encontramos nada que indicara que se trataba de una broma o excusa del estudiante. Si tomamos en cuenta la inexperiencia de Rafael y la escasa confiabilidad de la avioneta, una acción premeditada podría ser calificada de suicida.

El 24 de junio por la noche, varias personas llamaron al aeropuerto para informar que estaban viendo OVNIs que se movían lentamente. Mario Alcántara, de *El Sol de México*, trató de entrevistar al director de RAMSA (Radio Aeronáutica Mexicana, S.A.), Ing. Enrique Méndez, con el fin de interrogarlo sobre dicha cuestión, pero éste no lo pudo recibir por encontrarse en una "importante" junta. Y la televisión, que en un principio dio gran difusión al caso, guardó un silencio inexplicable posteriormente...

23 DE JUNIO DE 1976
FLOTILLAS DE OVNIS

El reportero Rubén Serratos del *Diario de la Tarde*, investigó los libros de los inspectores aeronáuticos y descubrió que con fecha 23 de junio el ingeniero Roberto Eax Villa, escribió: "una señora, que dio el apellido de Villalpando o Camposano, habló el día de la fecha aproximadamente a las 9 hrs., y dijo que en la carretera federal Cuernavaca a Cuautla, en el Km 6.5, cerca del poblado de Villa Descanso, había visto estrellas que se movían vertical y horizontalmente, y bajaban cerca de la casa donde ella vive".

En ocasiones esta señora llegó a contar hasta 60 objetos en una sola noche; la cifra la logró calcular porque los puntos luminosos hacían formaciones de 10 o más puntos.

En otra referencia, en el libro del inspector Gerardo González Juarico, se encontró una anotación donde una mujer que vive en la colonia Casas Alemán, se preguntaba de ciertas formaciones extrañas de aviones que vuelan por las noches.

Otro de los testigos de estas anotaciones fue María Elena Viuda de Gómez. (*Diario de la Tarde*, viernes 2 de julio de 1976).

29 DE JULIO DE 1976
"OVNIS. ALTO AÉREO Y BAJADA EMERGENTE"

Titular del periódico *Diario de la Tarde*, en donde el reportero Rubén Serratos revela el testimonio del encuentro de un piloto de Aeroméxico con un objeto no identificado. La aeronave mexicana volaba procedente de Tijuana, en su cercanía a Centro Mazatlán el controlador del mismo le advirtió al piloto que había recibido numerosos reportes de pilotos en el sentido de haber observado varios OVNIs. El capitán señaló que el controlador le informaba de la suspensión del tránsito aéreo y lo prevenía "para que no se alarmara".

Del OVNI referido el relato fue el siguiente: "Un jet, del que sólo se sabe que era particular (la matrícula tiene en la primera parte las letras XB), volaba sobre La Paz a 41,000 pies de altura. De pronto, el piloto observó que a los lados lo seguían dos OVNIs. El susto no fue pequeño y pidió autorización a Mazatlán para descender y alejarse de sus seguidores. Bajó y los OVNIs no se le separaban. Pidió permiso para descender más y alejarse de sus extraños acompañantes; pero fue cruzando aerovía tras aerovía y a 15,000 pies todavía los tenía a los lados.

"Alarmado al máximo, el piloto del jet solicitó le permitieran aterrizar de emergencia en Mazatlán. Para esto, ya muchas personas de la torre de control conocían lo ocurrido. Se autorizó al piloto aterrizar, y el controlador pidió la presencia de bomberos, personal de vigilancia, etc. Cuando el aparato bajó a la pista, era un hervidero de gente, muchos eran curiosos que pudieron observar <u>dos extraños aparatos que descendían junto con el avión y luego se elevaron a una velocidad inimaginada</u>."

DURANTE 1976
AVIÓN DC-8 DE AEROMÉXICO
ESCOLTADO POR UN OVNI

La siguiente información fue dada a conocer por el decano de los investigadores de habla hispana Antonio Rivera en una de sus obras, refiriendo que el citado caso le fue contado al poco tiempo de haber sucedido el incidente. En un vuelo vespertino que realizaba un avión DC-8 –61 de Aeroméxico, los pasajeros entre los que se consideraban varios periodistas y tripulantes del mismo fueron testigos del avistamiento de un objeto luminoso, el cual seguía el vuelo del avión DC-8 volando en paralelo al lado izquierdo del mismo. Cabe mencionar que los periodistas que viajaban en dicho avión cubrían una gira de trabajo del entonces presidente de México, Luis Echeverría A., quien viajaba en el mismo avión.

30 DE JULIO DE 1977
OBJETOS VOLADORES NO IDENTIFICADOS
EN LAS COSTAS DEL GOLFO DE MÉXICO

Aparecen OVNIs en las costas del Golfo de México y del Pacífico. En el Centro México de Radio Aeronáutica

Mexicana (RAMSA) se recibió ayer por la mañana un reporte del comandante de Aerolíneas Argentinas que cubrió el vuelo 371 y que indicaba que como a 500 kilómetros al noroeste de la capital mexicana, en la radial 60, se logró observar un OVNI.

El comandante del avión, el capitán Sartori y los oficiales primero y segundo, Holou y Betolu, respectivamente, confirmaron dicha información. Se han recibido informes procedentes de Zihuatanejo, Guerrero, así como llamadas telefónicas, en las que se indica que por las noches y hasta el amanecer, frecuentemente se observan objetos luminosos que cruzan el espacio a gran velocidad, aparentemente en dirección hacia mar abierto.

Asimismo, varias personas han manifestado que esos objetos permanecen a gran altura e inmóviles, para después reanudar su vuelo. (*El Universal*, 31 de julio de 1977).

30 DE JULIO DE 1977
PILOTOS DE AVIONES COMERCIALES ASEGURAN HABER VISTO OVNIS EN COSTAS MEXICANAS

Los comandantes de varios aviones comerciales informaron ayer a Radio Aeronáutica Mexicana, S.A. (RAMSA), a través del Centro México, "la existencia de objetos voladores no identificados (OVNIs) en las costas del Pacífico y del Golfo". El comandante José Sartori, del vuelo 371 de Aerolíneas Argentinas, que se dirigía ayer de esta capital a Buenos Aires, comunicó en la mañana que "en la radial 60, aproximadamente a 500 kilómetros al noroeste de la ciudad de México, observamos el paso de un objeto brillante no identificado".

"Este objeto se perdió en dirección del Pacífico, por el rumbo de Zihuatanejo, Guerrero, y lo observaron el primero y segundo oficiales de a bordo, capitanes Holou y Betolu, respectivamente, los que acaban de confirmar la información al Centro México de la RAMSA".

La conversación de los pilotos del jet de Aerolíneas Argentinas, como de otros comandantes que prefirieron no dar sus nombres "porque puede tomarse como broma" indica que "sobre las costas de Veracruz y Campeche se observaron objetos luminosos en el espacio aéreo, a gran velocidad y que siempre se dirigen hacia mar abierto, en el Golfo de México".

El Centro México de la RAMSA informó que desde anoche, de la región de Zihuatanejo, se recibieron informes de la torre de control del aeropuerto, lo mismo que llamadas telefónicas para señalar "la presencia de objetos luminosos, muy brillantes, que a veces dan la impresión de estar inmóviles y que luego desaparecen a gran velocidad".

"Estos fenómenos ocurren principalmente durante el verano por Acapulco, Zihuatanejo y Vallarta", dijeron los operadores de RAMSA. (*Excélsior*, 31 de julio/por Jaime Durán).

29 DE JULIO DE 1977
RAMSA SE PRONUNCIÓ EN PRO DE LOS OVNIS

El licenciado Arturo Villelas, jefe de difusión de RAMSA (Radio Aeronáutica Mexicana), informó que esa empresa pone a disposición de cualquier institución abocada a la investigación de OVNIs todo el material y experiencias con que cuenta ese organismo para contribuir a dilucidar los fenómenos extraterrestres.

El propio licenciado Villelas es testigo presencial de la aparición de un OVNI. Informó que en los últimos dos años han proliferado las apariciones de estos objetos, contando con grabaciones y numerosas versiones de pilotos aviadores que han testimoniado estos hechos. (*Ovaciones*, lunes 1 de agosto de 1977).

31 DE JULIO DE 1977
"GRAN INCIDENCIA DE OVNIS EN LOS LITORALES MEXICANOS, REVELA RAMSA"

Objetos Voladores No Identificados se observaron sobre el Golfo de México y el Océano Pacífico, según informaron autoridades de Radio Aeronáutica Mexicana, S.A. La nota señala que varios objetos desconocidos fueron vistos frente a las costas de Manzanillo y Zihuatanejo, los habitantes de esas regiones señalaron haber visto objetos luminosos en esa área. (*Ovaciones*, domingo 31 de julio).

También afirmaron que esas naves hicieron su aparición al amanecer y se mueven aparentemente, de la tierra hacia el mar a velocidades increíbles. Algunas de esas naves permanecen inmóviles, reanudando su vuelo y perdiéndose en la distancia.

Otro informe dado a conocer por un capitán de apellido Sartori, indicó que los platívolos fueron avistados por el vuelo 371 en la radial 60, a unos 500 kilómetros de la Ciudad de México.

El periódico *Novedades de Acapulco*, del domingo 31 de julio proporciona otros datos al respecto, la anterior observación fue llevada a cabo por la tripulación de un aparato de Aerolíneas Argentinas. Esta tripulación del vuelo 371, cuyo comandante Sartori, primer oficial Holou y segundo oficial Betelu, señalaron a Centro México que un OVNI se desplazó a vertiginosa velocidad en la radial 60 y comenzó a desintegrarse.

El vuelo anterior salió de México a Buenos Aires a las 7:56 hrs., reportando el descubrimiento del platillo volador cuando se encontraba sobre la ciudad de Oaxaca. Asimismo, Centro México recibió llamadas de personas que certificaron haber visto varios OVNIs sobre Zihuatanejo. (*Novedades de Acapulco*, 31-jul-77).

1 DE AGOSTO DE 1977
OVNIS SOBRE LA COSTA GRANDE

Varias personas observaron objetos no identificados sobre Acapulco y la región circunvecina. El anterior dato reforzó los testimonios de los empleados del Aeropuerto Internacional "Juan Alvarez".

Doña Juana Almandro Viuda de Caletre, vecina de Coyuca, afirmó: "Casi amaneciendo, el día viernes, vi en el cielo objetos como bolas de lumbre que volaban a gran velocidad, parecidos a estrellas fugaces". En el puerto de Acapulco, Marcelino Rodríguez, empleado de la construcción, afirmó que a esa misma hora y ese mismo día vio objetos raros "relumbrosos, que volaban muy alto y muy rápido".

Empleados del Aeropuerto Internacional que comenzaban sus labores el viernes anterior a las 6:05 hrs., observaron dichos objetos, yendo uno detrás del otro, reduciéndose en su volumen hasta llegar a ser sólo una estela obscura.

Estos objetos pasaron de sur a norte. Por otra parte y de acuerdo a un cable internacional, el capitán del avión comercial argentino dijo haber visto tales objetos al NW. (*Novedades de Acapulco*, lunes 1 de agosto de 1977).

Nuestro comentario a la anterior noticia es que probablemente se haya tratado de algún aerolito en su ingreso a la atmósfera y pérdida de éste en el mar, ya que la descripción de los testigos coincide con este tipo de fenómenos atmosféricos.

El *Diario de la Tarde* del martes 2 de agosto de 1977, transcribió que 20 trabajadores de taller de la Compañía Mexicana de Aviación, observaron desde el Aeropuerto, así como un ex comandante de la misma terminal aérea y otros más, 6 OVNIs que fueron observados al Noreste de la Ciudad de México, en proximidades a Tepexpan.

Uno de los trabajadores de la empresa aérea nacional concretó que "eran de una gran luminosidad verdosa y cuando se desplazaron quedó una estela de luz como si hubiera sido un buscapiés".

Otro trabajador de CMA., afirmó que él y sus compañeros observaron perfectamente a los OVNIs, perdiéndolos de vista cuando se alejaron a velocidad de vértigo.

Por último, el ex funcionario de la Comandancia del Aeropuerto, afirmó que uno de los objetos "era mucho más grande que los otros cinco, y tenía forma alargada".

El Sol de México, en su segunda edición, del miércoles 3 de agosto, publicó que de las gentes que observaron a estos OVNIs en el poblado de Tepexpan, en el Estado de México, afirmaron que una mujer dijo que los OVNIs volaron en círculo sobre su casa.

Para investigar lo anterior se comisionó al inspector Gerardo González Juarico, quien al llegar a esa área observó cinco aparatos. "Eran redondos y despedían una luz verde muy brillante. Se encontraban a gran altura y cuando se desplazaban dejaban una estela verdusca". El inspector era adscrito a Radionáutica Mexicana. El mismo hecho fue observado por 20 mecánicos de la Compañía Mexicana de Aviación.

Otro inspector de nombre Luis Angel Jara Monroy, tomó nota de un caso similar cerca del Lago de Tequesquitengo. Este inspector afirmó a *El Sol de México* que "un aparato ovalado y muy brillante volaba a considerable altura, seguido por otros cuatro más pequeños. Así como aparecieron de rápido, se fueron perdiendo en el horizonte".

El periódico *El Diario de la Tarde*, en su edición del 4 de agosto de 1977, publicó que el Director de Difusión de RAMSA, Sr. Arturo Villela, <u>rectificó lo dicho hace unos días en un vespertino, supuestamente por voz de ese funcionario</u>. "Dijo Villela que él no habló de que los archivos de ese organismo estuvieran abiertos a las instituciones investigadoras del fenómeno OVNI, sino que mencionó que grabaciones y papelería oficial se ponen a disposición de las autoridades aeronáuticas y de las compañías aéreas, cuando se requiere investigar algún incidente u observación durante el control aéreo".

El periódico *Novedades de Acapulco*, en su edición del 5 de agosto de 1977, publicó que "existe un testimonio oficial consistente en un documento denominado 'entre el personal de RAMSA' como reporte horario".

Este reporte se trata de un registro de observaciones del tiempo que llevan todas las estaciones de radio aeronáutica mexicana. En dicho reporte quedó asentado que entre las 8:10 de la mañana varios objetos luminosos se observaron de oeste a este.

4 DE AGOSTO DE 1977
VIERON OVNIS EN LOS
ALREDEDORES DE ZIHUATANEJO

Un reporte oficial de RAMSA menciona la aparición de "extraños objetos luminosos" volando por los alrededores de Zihuatanejo. En documento del 29 de julio de 1977, se da parte a la dirección de RAMSA de que unos objetos luminosos "como puntos" atravesaron el cielo a una velocidad "increíble". Según se menciona, los OVNIs viajaban de oeste a este en formación. Arturo Villela, Director de Difusión de RAMSA, manifestó que con éste son innumerables los documentos y grabaciones con que cuenta ese organismo y que se relacionan con OVNIs.

La aparición de objetos en distintos puntos de la República desde el viernes 29 de julio a la fecha ha sido ratificada por pilotos de aviones comerciales, por inspectores aeronáuticos, por personal de diversas compañías aéreas y ahora por Radioaeronáutica Mexicana. (*El Sol de México*, Edición de Mediodía, jueves 4 de agosto de 1977).

4 DE AGOSTO DE 1977
CONSTANCIA DE LOS OVNIS

En relación con el último caso de aparición de OVNIs en las cercanías de la capital mexicana, existe un testimonio oficial de nombre "reporte horario" en el que se registran observaciones del tiempo que llevan todas las estaciones de Radio Aeronáutica Mexicana, S.A., distribuidas en el país. En el reporte correspondiente al pasado viernes en Zihuatanejo, se asentó esta observación entre las 8 y las 10 de la mañana: "Objetos luminosos viajando de oeste a este". Se descubrió que en la oficina de Meteorología del aeropuerto local "desapareció el rollo correspondiente al 29 de julio". (*Novedades, Diario de la Tarde*, 4 de agosto de 1977).

OVNIS TRAS UN JET MEXICANO

Horas de angustia; hay testigos. Ocurrió de La Paz a Mazatlán. Un avión mexicano fue perseguido por Objetos Voladores No Identificados (OVNIs), desde La Paz, Baja California, hasta Mazatlán, Sinaloa, donde el piloto se negó a continuar su vuelo hasta el Distrito Federal y optó por aterrizar.

Tripulantes de otras dos aeronaves, así como los controladores de tráfico aéreo de Mazatlán y numerosas personas que se hallaban en el aeropuerto de esa ciudad vieron también a los platillos.

Los OVNIs —tres— permanecieron algunos minutos sobrevolando la torre de control antes de desaparecer a gran velocidad.

Uno de los aviones cuya tripulación vio a los platillos, también fue perseguido —aunque brevemente— y obligado asimismo a aterrizar de emergencia en Mazatlán.

El aparato protagonista de este drama aéreo —fueron horas de angustia y temor— fue el Learjet ejecutivo matrícula XA-BUY, (EXTRA-ALFA-BRAVO-UNION-YANKI), al mando del capitán Lucio Villalbazo, con Mario Molinar como copiloto.

Los otros aviones son el Aerocommander 690 XB-AED (Extra-Bravo-Alfa-Eco-Delta) —brevemente perseguido—, piloteado por el capitán Rodríguez Gil con ruta Durango-Mazatlán-Hermosillo, y el DC-9 de Aeroméxico que cubría la ruta 105 Los Angeles-La Paz-Guadalajara-México.

Los operadores de la torre de control de Mazatlán testigos de la invasión de OVNIs son: Alejandro Salomón, Luis Espíndola y Raúl Carrillo.

El hecho quedó registrado en la grabación de intercomunicaciones de los aviones involucrados y la torre de control mazatleca. *El Sol de México*, Edición de Mediodía, obtuvo una copia de la misma cinta, cuya parte medular reproducimos.

El suceso ocurrió el 19 de noviembre de 1975, pero no había trascendido porque los protagonistas opinaban que "van a creer que estamos 'lurias'", aunque se especula también que fue ocultado para no despertar el pánico entre los aeropasajeros.

El diálogo es el siguiente:

—Bravo, Unión, Yanky (identificación del XA-BUY), llamando a Mazatlán.

—Adelante, Bravo, Unión, Yanky.

—Tenemos un tráfico (aparato en vuelo) a las once de nuestra posición, aproximadamente a cuatro cero siete nivel.

—No tenemos reportado ningún tráfico a nivel cuatro cero siete capitán, si se cruza con usted, o si puede ver con los binoculares que tiene a bordo le agradecería si puede identificar el tipo de aeronave que es, hay bastante luna, ¿los podrá ver?

—Bravo, Unión, Yanki, pendiente...

—A lo mejor es un OVNI.

—Afirmativo... es una luz roja y verde de bastante destello.

—Correcto.

—¿El aparente tráfico lo están identificando hacia el este?

—Afirmativo.

—Aeroméxico, uno, cero, cinco, ¿alcanza a ver ese tráfico?

—Aquí Aeroméxico, uno, cero, cinco... alcanzo a ver una luz bastante brillante hacia el este. Ahora está descendiendo.

—Centro Mazatlán, aquí Extra, Bravo, Alfa, Eco, Delta (XB-AED).

—Adelante Alfa, Eco, Delta.

—Alfa, Eco, Delta, estimo... (mensaje inaudible)

"TAMBIÉN LO VEMOS"

—Recibido Alfa, Eco, Delta, pendiente... ¿tiene usted algún tráfico hacia el este, luz roja y verde brillante?

—Negativo.

—Muchas gracias.

Aquí interviene otro piloto, pero su mensaje es inaudible en la grabación, sin embargo, el vuelo 105 de Aeroméxico dio la siguiente respuesta:

—Correcto, nosotros también lo vemos, francamente no sé qué decirle.

—Estamos pendientes Aeroméxico, uno, cero, cinco.

—No le digan a nadie porque van a creer que estamos "lurias".

—No, ¡qué vamos a decir!

Continúa el XA-BUY después de una larga pausa:

—Mazatlán, para su información el tráfico que tenemos a las once de nuestra posición ya no destella luces rojas y verdes, ahora únicamente blancas.

—Trataremos de verlo.

OTRO OVNI

—A ver Mazatlán, ya tenemos otro tráfico.

—Adelante.

—Tenemos ahora un tráfico a las diez, con movimientos verticales y horizontales bastante irregulares y un poco más lejano que el primero.

Interviene el capitán del vuelo 105 de Aeroméxico:

—Es afirmativo lo que estaba diciendo el compañero que reportó esa luz que se mueve. Da la impresión de que se mueve vertical y horizontal ocasionalmente, lo estamos observando ahora y aparece más alto que nosotros y con movimientos bastante rápidos.

—Ya lo estamos viendo.

—Alfa, Eco, Delta a Centro Mazatlán.

—Adelante.

—Correcto, a las diez de nuestra posición encontramos radial 305 un objeto que asciende y desciende con bastante velocidad.

—Lo escucho, entiendo que el objeto no identificado se encuentra a nivel de usted y usted está en radial 305 de Guadalajara.

—Bravo, Unión, Yanky, a Mazatlán.

—Sí, adelante.

—A manera de información los dos tráficos están estacionarios y mucho más arriba de nosotros.

—Gracias, enterado.

—A ver Mazatlán, otra vez el Bravo, Unión, Yanky.

—Adelante.

—Ahora tenemos un tercer objeto no identificado.

—¡Ah, caray!..., ¿dónde está ahora?

—Ahora lo tenemos a las nueve, con movimientos verticales y se está acercando a nuestra aeronave.

—Recibido, capitán, estamos pendientes.

—¡Ya me quiero ir pa' mi casa!

—Pues, caray, capitán... si gusta usted descender en Mazatlán... o, no sé, en lo que podamos ayudarlo estamos pendientes, ojalá podamos servirle.

—Gracias, proseguimos.

Sin embargo, segundos más tarde cambió de opinión el piloto del BUY.

—Aquí, Bravo, Unión, Yanky, estamos en radial 360 del VOR Mazatlán, con 06DME450, solicitamos proseguir directo aeropuerto. Los tráficos frente a nosotros y al este, acercándose rápidamente, preferimos aterrizar en Mazatlán.

—Recibido, Bravo, Unión, Yanky. Esta es la segunda vez que nos pasa esto. Está autorizado directo a Mazatlán, descienda a dos, cero, cero, nivel. Una vez nos pasó igual con un DC-8, posiblemente de Aeroméxico, que despegó de Tijuana, precisamente y estos tráficos lo siguieron hasta Mazatlán. Venían aproximadamente a 58 mil pies, eso calculó el piloto. Esta autorizado a descender.

"NOS VIENEN ESCOLTANDO"

—Recibido. Los tres tráficos nos vienen escoltando.

—Recibido, capitán.

—Bravo, Unión, Yanky a Mazatlán, ahora dejando dos, cinco, cero, con 45 DME, tráficos desconocidos descendiendo muy cerca de nosotros.

—Recibido capitán. Espere, no quieren encender las luces de pista.

—Bravo, Unión, Yanky, tráficos desconocidos muy cerca, a nueve, ocho y siete de mi posición.

—Correcto, capitán, están a la vista, las luces de pista no quieren encender.

—Bravo, Unión, Yanky, el tráfico que tenía a nueve se acerca más, ahora hay otro exactamente en la cabecera de la pista.

—Enterado. Lo estoy viendo. Está usted autorizado para aterrizar, las luces de pista ya encendieron.

—Alfa, Eco, Delta, a Mazatlán.

—Adelante.

—Un tráfico desconocido sobre la torre, lo tienen ustedes estacionario a la izquierda.

—Lo estamos viendo, capitán.

En esa posición permanecieron los OVNIs hasta que el jet XA-BUY y el Aerocommander XB-AED aterrizaron en Mazatlán, minutos más tarde se alejaron a gran velocidad con distintos rumbos.

Los tripulantes del jet DC9 de Aeroméxico continuaron su ruta hasta México. Las tres tripulaciones y los controladores de tráfico aéreo hicieron un informe detallado de lo ocurrido esa noche, pero por razones de seguridad no se dieron a conocer hasta hoy.

El capitán Lucio Villalbazo del XA-BUY, relató que primero lo empezó a perseguir un OVNI a la altura de

La Paz, Baja California, y posteriormente aparecieron los otros. (*El Sol de México*, Edición del Mediodía, 27 de enero de 1978. Por Enrique Borrego).

14 DE NOVIEMBRE DE 1978
¿OVNI O AVIONETA?

OVNIs sobre la Ciudad de México, nota publicada por el periódico *La Prensa*, en donde se asegura que en esa fecha se observó un objeto desconocido después de las 19:00 hrs.

En la propia comandancia del Aeropuerto Internacional de la Ciudad de México hubo descontrol por el desconocimiento del suceso, que conmocionó a un gran número de capitalinos que habían llamado a la comandancia para esclarecer la observación.

Las autoridades respectivas dijeron que se trataba de una avioneta para realizar una campaña publicitaria. Sin embargo, el anterior hecho nunca fue confirmado.

Ese mismo diario, en su edición del viernes 17 de noviembre, dio seguimiento a la anterior nota y se aseguraba que ningún avión tenía permiso para volar después de las 19:00 hrs. sobre la Ciudad de México y la aparición del objeto fue a las 22:03 hrs. Tampoco aterrizó en el Aeropuerto Internacional ninguna avioneta después de las 20:00 hrs. El OVNI se vio principalmente por las colonias Tacuba, Polanco y Naucalpan.

En su edición del viernes 17 de noviembre, *La Prensa* vertió nuevas notas sobre el OVNI, visto el 14 de noviembre, en donde numerosos capitalinos aseguraron haber visto al OVNI realizando violentos virajes y zigzagueos, el OVNI en ocasiones suspendía su trayecto y cambiaba de rumbo.

Vecinos de la colonia Avante también manifestaron haber visto ese objeto desconocido. El tránsito en las colonias cercanas al Campo Militar No. 1 se desquició, puesto que miles de ciudadanos se pararon para observar al OVNI. Muchas personas utilizaron binoculares para captar mejor al OVNI, describiéndolo como "redondo, metálico, con ventanillas y una especie de reflectores".

Uno de los testigos de este acontecimiento fue el joven Antonio Fuentes Quevedo, quien lo observó desde la colonia Nueva Argentina. Muchos de los habitantes de esa colonia subieron a sus azoteas para ver las evoluciones del objeto, descartando que fuera una avioneta, pues en ocasiones quedaba suspendido.

SÁBADO 18 DE NOVIEMBRE DE 1978
OVNI SOBRE CIUDAD NEZAHUALCÓYOTL

Otro OVNI en Nezahualcóyotl. El testimonio de Alejandro Juárez, mecánico de aviones en los hangares de PEMEX. Declaró a *El Sol de México*, edición del mediodía, lo siguiente: "Era un objeto como de 20 metros de largo, que despedía una luz muy brillante de color ámbar, que impedía ver su forma con exactitud. Permaneció durante 2 ó 3 minutos en la Avenida Chimalhuacán. Serían como las 2 de la mañana cuando salí al patio de mi casa para tomar un poco de aire fresco y me di cuenta que la luz que había era muy intensa. Por instinto levanté la cara para ver de dónde procedía y ahí estaba. Corrí por mi cámara y obtuve una fotografía; desafortunadamente era la última del rollo". Desde hace 16 años trabaja en el medio de la aviación, afirmando el testigo tener la suficiente experiencia para reconocer un aparato de otro, por lo que está seguro de que no fue un avión. (*El Sol de México*, edición del mediodía, 18-nov-78).

29 DE NOVIEMBRE DE 1978
LA FAM INTERCEPTA UN OVNI

La Prensa, por Julio Villarreal. Cacería de un OVNI. Espectacular persecución realizó la Fuerza Aérea Mexicana. Un platillo volador atemorizó a vecinos del sur de la ciudad y nueve aviones, minutos después, convergieron en lo que pareció ser la primer "cacería" de un OVNI en el país. Los aviones en algún momento estuvieron a punto de chocar en su presunta búsqueda del platillo volador. Sin embargo, Aeronáutica Civil insiste en que "sólo es una avioneta publicitaria".

Para cientos de habitantes de la Colonia Del Valle y otras del sur del Distrito Federal no hay duda que Aeronáutica Civil "ha mentido".

Porque si es una campaña publicitaria, ha sido pésimamente conducida pues "nadie alcanza a leer ningún anuncio".

Para todos los que han tenido la suerte de ver el OVNI afirman que "se suspende y gira, tiene ventanillas y despide luces de color".

Quizá la forma de aclarar la expectante situación sería presentar públicamente la "famosa avioneta pintada de negro, con su anuncio luminoso". Y de paso la declaración de un piloto tan extraordinario como para suspender el OVNI por medio minuto con la ayuda de una avioneta... que a la mejor también se convierte en helicóptero silencioso.

Asimismo, Aeronáutica Civil debería ostentar el permiso otorgado a un piloto aviador para navegación nocturna... con grave peligro para él y muchos habitantes del Distrito Federal.

Y para tranquilizar finalmente a quienes han informado sobre el OVNI, Aeronáutica Civil debería informar qué hacían los mencionados nueve aviones a la misma hora, aproximadamente.

LA CACERÍA

La señora María de Jesús Medina de Benítez, su cuñada María Alicia Miranda y Lauro Medina, fueron tres de los centenares de testigos azorados por el OVNI. Según el relato de las damas, el OVNI apareció a las 19:45 horas del lunes, cuando el trío abordaba un taxi en Baja California y Medellín. El mismo conductor vio el OVNI y parecía sorprendido por el fenómeno; desafortunadamente —en caso de alguna investigación seria— el chofer no se identificó y tampoco se registró el número de las placas del taxi.

Las damas informaron al diario de las mayorías que "no se trataba de ningún anuncio publicitario, era un platillo volador con ventanillas y luces de colores, giraba con relativa velocidad y no dejaba escapar sonidos". El taxista llevó a los pasajeros hasta la unidad habitacional conocida como Villa Olímpica y comentó que indudablemente "aquello era un platillo volador, pues ninguna avioneta puede zigzaguear y suspender su vuelo".

También desechó el chofer la idea de "un anuncio luminoso", pues nadie alcanzaba a leer ninguna letra o palabra y "tampoco se escuchaba el sonido del motor de alguna avioneta".

Finalmente, las informantes se colocaron en la azotea de un edificio de cuatro pisos y presenciaron, con asombro, "la llegada de nueve aviones que parecían buscar al OVNI; incluso, llegamos a temer algún encontronazo aéreo".

20 DE DICIEMBRE DE 1978
OVNI AL ORIENTE DE LA CIUDAD

El Sr. Rigoberto Avilés Aguilar, menciona: "Eran las 9:24 P.M., pasó muy lento, era muy grande. Yo había salido a la tienda, llevaba unas luces rojas y amarillas y al pasar detrás de un árbol... desapareció sin dejar rastro alguno.

"Tres minutos después, a las 9:27 P.M., volvió a pasar. Iba más veloz que la primera vez y detrás de él pasó un avión que, comparándolo con el OVNI era muy chico, y pasando detrás del mismo árbol desapareció y no lo volvimos a ver. Mis hermanos y yo lo vimos en Santa Martha Acatitla, por el Cerro del Peñón, en Iztapalapa". (Revista OVNI, Año 1, No. 6 del 16 de julio de 1979, dirigida por Zita Rodríguez y Raúl Duarte).

ENERO 24 DE 1979
AVIÓN HONDUREÑO ESCOLTADO POR OVNI

"Sobre México: Avión Hondureño Custodiado por un OVNI". De acuerdo a una información procedente de la localidad de San Pedro Sula, Honduras, un avión de aquel país fue acompañado en pleno vuelo por un extraño objeto volador que llamó la atención del piloto de la aeronave y de un buen número de los pasajeros.

El avión, de características comerciales, efectuaba un vuelo nocturno procedente de la ciudad de Nueva Orleans, Estados Unidos, y se dirigía a San Pedro Sula. Mientras se encontraba volando sobre territorio mexicano, la aeronave fue acompañada por un OVNI que permaneció a la vista por espacio de dos horas y media aproximadamente.

El capitán Escobar, piloto de la nave, alcanzó a distinguir en el costado derecho del avión una intensa luz de varias tonalidades que seguía exactamente su misma ruta. Entonces el piloto llamó a la torre de control del Aeropuerto Villeda Morales, cercano a San Pedro Sula, de donde le contestaron que en ese momento no había ningún otro avión en la misma ruta.

Escobar, ante la negativa de la torre de control, decidió advertir a los pasajeros sobre aquel extraño objeto; la mayoría de las personas que iban a bordo pudieron apreciar la misteriosa luz que se balanceaba de uno a otro costado del avión colocándose, incluso, bajo las alas.

Unos minutos antes de aterrizar, el OVNI dejó de custodiar al avión y desapareció sin dejar rastro. La mayoría de los pasajeros no pudieron describir la forma del objeto, ya que lo único que percibían era una intensa luz. Tampoco pudieron decir con exactitud en qué momento desapareció el OVNI.

(NOTA: Posiblemente el avión fue un Boeing 737-200).

AVISTAMIENTOS DE OVNIS POR PILOTOS CIVILES

Algunos pilotos y personal aeronáutico decidieron dar su nombre, mas no así otros cuyo anonimato respetaremos; la primera experiencia la da a conocer un piloto cuyas iniciales son F.T., y nos relató lo siguiente: "En el mes de febrero de 1979 volaba sobre el Atlántico, en un avión del tipo DC-10-30 de la compañía del Caballero Águila (Aeroméxico); realizábamos un vuelo a 11,000 metros de altura, cuando de repente, siendo las 2:37 de la madrugada (8:37 de la noche tiempo de México), los instrumentos de navegación, primordiales para saber hacia dónde se está volando, se volvieron locos; entre los instrumentos que se vieron afectados estaban el altímetro, que daba lecturas muy altas; las 3 computadoras inerciales de vuelo mostraban lecturas erróneas y la luminosidad de sus pantallas cambiaba; las brújulas se movían como si se les aplicara un electroimán, girando frenéticamente.

"El horizonte artificial giraba vertiginosamente como un trompo, pero aún cuando todos los instrumentos daban lecturas falsas, el vuelo se desarrollaba normalmente, manteniéndolo recto y nivelado; tanto yo como el copiloto y el ingeniero de vuelo buscamos la razón o el causante de aquella alteración en nuestros instrumentos.

"Al buscar la respuesta miramos hacia afuera del avión y descubrimos que encima del avión había una luz muy fuerte que escoltaba al DC-10-30. La escolta del avión duró aproximadamente unos tres minutos; checando todos los instrumentos para percibir algún cambio, poco a poco se fue llegando a la normalidad y la luz aquella desapareció; pero tanto yo como el copiloto y el ingeniero de vuelo, estábamos de acuerdo en que aquel objeto volador tenía una energía y un control sobre nosotros que incluso ahí mismo pudo apoderarse del DC-10-30". (Por Alfonso Salazar, Técnico en Aviación).

MÁS TESTIMONIOS DE PILOTOS AVALAN LOS CASOS

Otro capitán de Aeroméxico también tuvo un encuentro con un aparato aéreo desconocido; al igual que el anterior, sólo dio sus iniciales: A.R.

A.R. era el comandante de un avión del tipo DC-8-51 que cubría la ruta de la Ciudad de México hacia Sudamérica, y nos cuenta: "Terminábamos de pasar la zona del Canal de Panamá y entrábamos a la zona de control de Colombia; cuando llegamos a la sierra de Santa Martha, vi un objeto que descendía rápidamente por la serranía, y aparecía y desaparecía del campo visual con una rapidez difícil de seguir; parecía jugar a las escondidas. Pude ver las evoluciones de aquel objeto volador, pero no distinguí claramente su forma; lo que sí puedo decir es que no era avión".

COMO LUCES DE BENGALA GIGANTES

Otro miembro de la tripulación de un avión DC-9 de Aeroméxico que sí dio su nombre, Alejandro Ladrón de Guevara, relató sus avistamientos de OVNIs:

"Este caso sucedió cerca de la Ciudad de México, Veníamos de un vuelo de Durango a bordo de un avión DC-9; el vuelo era normal, pero entonces pudimos observar, sobre la Ciudad de México, unas luces bastante raras, muy parecidas a las bengalas, descomunales, que después desaparecieron. Nosotros no les dimos mucha importancia, ya que era época de Navidad y creímos que se trataba de algunos fuegos artificiales". ¿Qué tipo de bengala en México es de tamaño "descomunal" para llamar la atención de la bien preparada tripulación de un avión DC-9?

El siguiente caso fue relatado por la señorita sobrecargo de la misma línea aérea nacional, Griselda González Quintero. Esto sucedió en el año de 1978 sobre Manzanillo, Colima, en el mes de junio: "El avión efectuaba la maniobra de aproximación al aeropuerto de Manzanillo; se reportó la presencia de un objeto volador no identificado (OVNI) que se encontraba en las cercanías. La maniobra de aproximación se llevó a cabo según lo indicado, aterrizamos en Manzanillo, bajó el pasaje y pudimos constatar y observar junto con el personal de rampa, de tráfico aéreo, los de operaciones y los mecánicos, una luz muy fuerte, la cual lastimaba los ojos y todos en tierra la miraban. Aquella luz se encontraba arriba de un sitio rocoso y casi inaccesible, moviéndose para todos lados; en ese sitio no podía haber personas; la gente que trabajaba en el aeropuerto conoce bien la zona y nadie vivía ahí.

"Aquella luz subía y bajaba, se movía vertical y horizontalmente; después desapareció de pronto. El avistamiento duró poco más de media hora, tiempo en el cual bajó el pasaje; subieron más personas, se reacondicionó el avión para el vuelo de regreso y subimos al aire nuevamente, fue en ese tiempo cuando ya no se vio el fenómeno".

27 de enero de 1978, la tripulación de un DC-9 de Aeroméxico reportó el avistamiento de 3 OVNIs, junto con las tripulaciones de otros dos aviones, sobre Mazatlán, Sinaloa.

La década de 1980-90

La Década Perdida

Las informaciones que se tienen de encuentros de aviones con OVNIs, durante la década de los años 80s es muy escasa y prácticamente los reportes e informaciones que se dieron se llegan a contar con los dedos de una mano. El siguiente reporte fue proporcionado por el mecánico R.M. (Sólo dio sus iniciales, ya que pertenece al servicio activo dentro de la Fuerza Aérea Mexicana y no desea tener problemas con sus superiores).

**18 DE MARZO DE 1980
ENCUENTRO OVNI SOBRE EL CARIBE**

Nombre del avión: "Quetzalcóatl".

Tipo de avión: Boeing 727-200.

Piloto comandante, piloto aviador, primer oficial e ingeniero de vuelo, desconocidos.

Según el informe el avión despegó de un puerto en el Caribe Mexicano (al parecer salió de Cancún). Inició su vuelo de ascenso, pidiendo autorización a Centro Cancún para lograr techo crucero y la aerovía correspondiente, que lo llevaría a la Ciudad de México. Al encontrarse volando sobre la zona del caribe mexicano, a unos minutos del despegue, y volando sobre Cozumel, siendo las 2:00 de la tarde, el comandante estabilizó el avión en vuelo recto y nivelado.

Al realizar el chequeo de los instrumentos, la tripulación (el mecánico que relató este caso no recordó los nombres ni del primer oficial ni del ingeniero de vuelo) y el mismo comandante, pudieron percatarse de que una sombra cubría al avión, lo raro era que en ese momento la visibilidad era buena y no había ninguna nube en la zona.

Al conectar el comandante el piloto automático, pasó a la parte trasera del avión, ya que se le requería, quedando a los mandos de la nave el primer oficial. Este detectó mal funcionamiento y posterior desconecte del piloto automático. La sombra sobre el avión duró unos dos minutos. Transcurrieron unos ocho minutos y el comandante ya se encontraba nuevamente a los mandos del avión y la tripulación hablaba del incidente, cuando de pronto aquella sombra invadió al avión. El comandante, junto con el primer oficial y el ingeniero de vuelo pudieron observar por las escotillas superiores que se encuentran en la parte superior de la cabina el objeto que proyectaba aquella sombra: era de forma discoidal y del tamaño del avión. Tenía muchas luces que eran apreciadas aún a la hora que era, posteriormente ese objeto en forma de plato se dirigió hacia otra dirección, la cual no se especificó, hasta que la tripulación lo perdió de vista.

Cabe mencionar que según el mecánico R.M., al aterrizar el avión Boeing 727-200 en la Ciudad de México, llevando al Primer Mandatario en él, no se hicieron comentarios sobre lo sucedido y sólo en el hangar el comandante contaba a quien se lo pidiera aquel suceso, que como otros encuentros de aviones con OVNIs conlleva un grado de rareza.

MAYO-JUNIO DE 1980
FALLA TOTAL DE INSTRUMENTOS

Lugar: sobre el Océano Pacífico, a unas 12 millas mar adentro, frente a la costa del Puerto de Acapulco.

Tripulación: sólo se conoce que el avión era piloteado por el capitán Thomsom, quien actualmente vuela.

Avión: Boeing 727-200 de Mexicana de Aviación.

Informe: Según la información proporcionada por el Sr. Luis Giles, el citado trabaja como inspector aeronáutico. El capitán Thomsom le relató durante un vuelo de prueba la inexplicable historia que él, junto con varios pilotos (alumnos) y experimentados, vivieron durante un vuelo de adiestramiento, que realizaban frente a la costa de Acapulco, en el Estado de Guerrero.

La instrucción que se llevaría a cabo, era para familiarizar a nuevas tripulaciones de pilotos en este tipo de avión.

Despegaron de la Ciudad de México antes del mediodía, solicitaron la autorización a Centro México para tomar la aerovía que los conduciría al Puerto. Recibieron la autorización y el vuelo entre la Ciudad de México y Acapulco se llevó a cabo sin contratiempos.

Al llegar a la zona del puerto solicitaron la autorización para poder enfilarse hacia la zona de mar abierto y comenzar las operaciones pedidas en el manual de vuelo.

Según el relato del capitán Thomsom, al estar a unas 12 millas mar adentro, los sistemas del avión (eléctricos, de navegación, de motores), empezaron a fallar, llegando el momento en el que ninguno de los indicadores funcionaba, tampoco las comunicaciones con Centro Acapulco. Pasando unos minutos tanto el capitán Thomsom como la tripulación empezaron a preocuparse. El avión sí volaba, los motores sí funcionaban, pero no había señal de los mismos en indicadores.

El capitán optó por guiarse con la brújula de agua que todo avión lleva en la parte central del tablero; tomando referencias de las cartas de navegación se pudo, con la ayuda de la brújula de agua, tomar el rumbo correcto para regresar a Acapulco (sabrá el lector que cuando se vuela sobre el océano es muy difícil tener referencia de dónde se encuentra el norte o el sur).

Llegando a la zona del puerto, el avión recuperó todos sus sistemas de a bordo tan inexplicablemente como los había perdido; al aterrizar en el puerto se realizó un informe de lo sucedido y posteriormente se hizo una investigación exhaustiva por parte de personal aéreo sobre el caso, dándose una explicación no muy aceptable.

Para el capitán Thomsom lo ocurrido obedeció a que el avión había entrado a un gigantesco campo electromagnético, que alteró todos los sistemas de la aeronave.

El único instrumento que no se alteró por ese efecto fue precisamente la brújula de agua.

No se tienen respuestas para lo que produjo el campo electromagnético, pero en ocasiones en esa zona se han reportado los vuelos de objetos desconocidos no identificados, así como también frente a la zona denominada Punta Diamante, cerca del Aeropuerto de Acapulco.

Nota: Muchas observaciones de este tipo datan de aviones comerciales desde los años 60 (recuérdese el caso del piloto aviador Rafael Pacheco Pérez, cuando apareció volando sobre la Bahía de Acapulco, favor de referirse a este caso en la década de 1970).

16 DE FEBRERO DE 1983
AVIONETA CESSNA REPORTA UN OVNI

El investigador mexicano Luis Ramírez Reyes dio a conocer en su libro *Encuentros en Todo el Mundo* publicado por editorial Mina, la siguiente información la cual le fue relatada por el Sr. Juventino Sauceda quien fungía como controlador aéreo en el aeropuerto de Sonora.

Según afirmación del testigo la tarde del 16 de febrero de 1983, el capitán de una avioneta del tipo Cessna con 3 pasajeros a bordo le indicó por la frecuencia radial de comunicación que eran seguidos por un Objeto Volador No Identificado y que estaban próximos a aterrizar en el aeropuerto de Puerto Peñasco. Según la descripción del capitán de la aeronave y que también se verificó visualmente desde el aeropuerto mencionado, el OVNI que seguía a la avioneta Cessna se fragmentó en 3 bolas de luz, pasando en unos segundos a cuatro, hasta terminar dividiéndose en seis. Casi para aterrizar la aeronave, los objetos se formaron en dos grupos de 3 luces y descendieron a una distancia de aproximadamente 15 Km de la pista aérea de Puerto Peñasco. Según la información del Sr. Sauceda, aquellos objetos al descender provocaron una gran nube de polvo observándose hacia la zona del aterrizaje lo que a simple vista parecía una lágrima gigantesca.

Se tomaron las coordenadas de la zona del aterrizaje de esos objetos y posteriormente el Sr. Juventino

Sauceda sobrevoló el área indicada, sufriendo un percance aéreo en su avioneta.

16 DE ENERO DE 1985
REPORTE DE TRÁFICO DESCONOCIDO
SOBRE ATIZAPÁN

El siguiente caso fue relatado por el capitán piloto Aviador Raúl Romero, quien es un piloto con más de 10,000 horas de vuelo, y quien tuvo en alguna ocasión en 1970, el avistamiento de un OVNI.

Según el informe del capitán Romero, él junto con varios pasajeros llegaba a la Ciudad de México en un vuelo desde el Norte de la República; era un vuelo nocturno y al volar sobre la zona de Atizapán de Zaragoza, al Norte de la Ciudad de México, escuchó en la frecuencia de Centro México 118.1 MHZ, la solicitud de información sobre un tráfico desconocido, que era reportado por un avión comercial que también en esos momentos solicitaba autorización para aterrizar en el Aeropuerto Internacional de la Ciudad de México.

Según el capitán Romero, él mismo solicitó autorización para realizar un sobrevuelo en la zona donde fue reportado el OVNI, pero desafortunadamente no logró observar nada anormal en el área, no así el capitán del avión comercial, quien solicitó informes sobre el OVNI en la zona citada, puesto que el OVNI fue observado por sus pasajeros.

NOVIEMBRE DE 1988
ENCUENTRO OVNI Y AVIÓN DE LA MARINA

Avión: Learjet 35. Matrícula: MTX-01. (METRO-TANGO-EXTRA-CERO-UNO). Secretaría de Marina. Testigos: Claudio Rojas Aguilera, mecánico y tripulación.

Observación: vieron un objeto de forma circular, de apariencia metálica hacia el lado izquierdo del avión, aproximadamente a un kilómetro del mismo. El objeto fue observado durante un vuelo entre La Paz, Baja California, hacia la Ciudad de México. Hora: 8:00 de la noche.

EN LA DÉCADA DE LOS 80
LUZ BRILLANTE CERCA DEL AVIÓN EN
EL QUE VIAJABA LA ACTRIZ ANGÉLICA MARÍA

El siguiente incidente fue dado a conocer por la actriz y cantante Angélica María en una revista de espectáculos. La nota se refiere a que cuando ella realizó un vuelo nocturno hacia la Ciudad de México, de madrugada, conversaba con una de las sobrecargos, en esos momentos ella y alrededor de treinta pasajeros observaron "a lo lejos, por las ventanillas del avión, una luz muy fuerte y ovalada que iba y venía en la misma dirección". La nota periodística no proporciona más datos de este avistamiento.

La década de 1990-2000

Un boom de encuentros OVNI

OVNI ESCOLTA A UN DC-9 DE AEROMÉXICO

Mario Páez Godoy, capitán piloto aviador, comandante de Douglas DC-9-30 de Aeroméxico, informó que durante un vuelo Los Angeles-México, D.F., realizado en el año de 1990 (no recuerda exactamente la fecha), él y su tripulación observaron una luz muy brillante a un lado del DC-9-30. El Capitán reportó y solicitó información sobre algún tráfico en la zona, informándole Centro México que no se encontraba ninguno. El OVNI los acompañó por varios minutos, hasta alejarse a gran velocidad.

25 DE NOVIEMBRE DE 1990
SE CAPTARON ECOS DESCONOCIDOS

Hacia las 6:30 de la tarde el radar de Centro México logró captar los ecos de dos objetos voladores no identificados (OVNIs), que estuvieron estacionados cerca de la zona del Aeropuerto metropolitano. El Sr. Alejandro Barranco, desde la colonia Providencia, logró videograbar dichos objetos, los cuales tenían forma ovalada de apariencia metálica como de aluminio. Durante el tiempo que estuvieron estacionados se logró observar cómo sobrevuela la zona un avión Boeing 727-200 de Mexicana de Aviación y los OVNIs se encuentran al lado derecho del avión.

24 DE JULIO DE 1991
TELEVISIÓN DE PACHUCA, HIDALGO
VIDEOGRABA AVIÓN Y OVNI

El Sr. Eugenio Imaz, Director del Sistema Hidalguense de Televisión canal 3 dio a conocer que lograron tomar con sus cámaras y videograbar durante la noche un Objeto Volador No Identificado, el cual tenía movimientos erráticos con desapariciones y apariciones y de acuerdo con él no correspondía a la trayectoria de los aviones convencionales, e inclusive afirmó que nunca antes se habían captado en esa región por cámaras de televisión. En el mismo video se puede observar un Objeto Volador No Identificado el cual sobrevuela la ciudad y se desplaza a gran velocidad cuando un avión se acerca en vuelo recto y nivelado. En el mismo video se observa el paso del avión con cierta lentitud e inclusive se pueden escuchar los reactores del mismo, posteriormente una copia del video fue remitido a los astrónomos del planetario Luis Enrique Erro del IPN en la Ciudad de México; también se envió una copia al Sistema Meteorológico Nacional, posteriormente recibieron respuesta con la increíble afirmación que lo que se había filmado eran "aviones de reconocimiento de la fuerza aérea norteamericana, similares a los que participaron en la Guerra del Golfo Pérsico".

El avistamiento del citado objeto tuvo una duración de una hora y también se logró observarlo desde la población de Actopan.

27 DE FEBRERO DE 1992
FOTOGRAFIARON OVNI Y BOEING 767
SOBRE EL AEROPUERTO

El Sr. Arturo Vicencio logra obtener una de las fotografías más extraordinarias, cuando al dirigirse hacia la zona de pistas del Aeropuerto Internacional de la Ciudad de México, aprovechó la última que le quedaba en el rollo, fotografiando un avión Boeing 767-200, de Aeroméxico, matrícula XA-BWX (EXTRA-ALFA-BRAVO-WHISKY-EXTRA), el cual en esos momentos realizaba la operación de despegue.

La foto fue tomada alrededor de las 13:00 hrs.; en la misma se puede apreciar perfectamente el avión comercial, la zona de la torre de control del Aeropuerto, el Cerro de la Estrella, las instalaciones de Centro México, parte de un avión Boeing 727-200 de Mexicana, pero lo extraordinario, es un objeto volador que se aprecia en la parte superior del avión mexicano de línea. Este objeto tiene forma de plato con la parte inferior de color rojo. Presenta una apariencia metálica y en el negativo que tuvo la oportunidad de revisar y sacar otra copia de la fotografía, el investigador de OVNIs, Alfonso Salazar, apreció la silueta de dicho objeto.

En entrevista que dicho investigador realizó a personal aéreo, entre ellos al inspector Ernesto Juárez Davis, el mismo señor Vicencio manifestó que, hacia las 5:00 de la madrugada, la parte norte del aeropuerto se llenó de neblina, y el personal de la torre de control logró observar, al norte de la Pista 5 izquierda, una serie de luces de colores que al parecer pertenecían a un objeto que se desplazaba a unos 300 metros de altura sobre la zona.

Posteriormente, hacia las 5:30 hrs., el objeto desapareció y la niebla se empezó a disipar. Lo que llama la atención en este caso es que, tanto personal aéreo de tierra como la torre de control, pudieron observar un objeto volador no identificado con luces de colores a través de un banco de niebla (situación que se ha reportado en otros avistamientos en varias partes del mundo).

Y que ¿al día siguiente o más tarde?, el Sr. Arturo Vicencio lograra fotografiar a un objeto volador con forma de plato y de apariencia metálica durante el despegue de un avión de línea, de gran tamaño y que iba repleto de pasajeros.

20 DE ABRIL DE 1992
SE REPORTÓ EL AVISTAMIENTO
DE UN OVNI POR TRES AVIONES

El 24 de mayo de 1992, el Prof. José Luis Martínez Jiménez logró entrevistar al capitán piloto aviador Jorge P.F. Lara, quien le relató algunos casos que vivió cuando trabajaba como piloto aviador.

El propio capitán relató que en una ocasión, regresando de la Ciudad de Hermosillo, Son., al Norte de la República Mexicana, logró observar junto con su tripulación, un objeto luminoso, el cual descendió del cielo a gran velocidad, aterrizando en un cerro.

Los pasajeros dormían y no se percataron del avistamiento. Dice: "Yo decidí virar para checar el objeto sobre el cerro, pero al acercarnos a la zona, el objeto luminoso se elevó en forma vertical y desapareció a gran velocidad. Mi tripulación y yo sólo nos volteamos a ver".

Asimismo, el capitán Lara recordó que tanto él como su tripulación pudieron observar, al cruzar el Océano Atlántico en ruta Miami-Europa, extraños objetos viajando a muy alta velocidad; otras tripulaciones de aviones extranjeros pudieron observarlos también, no podían ser satélites ni meteoritos, simplemente no supieron lo que era.

Durante vuelos realizados a los Estados Unidos, tuvo oportunidad de escuchar por las comunicaciones de radio el reporte de avistamiento de OVNIs por aviones norteamericanos; en una ocasión, en la operación de despegue del Aeropuerto John F. Kennedy, en Nueva York, el Comandante de un avión de la línea aérea Braniff informó a la torre de control que una gran bola de fuego se dirigía hacia el avión en dirección de colisión. La bola de fuego pasó a un lado de la nave norteamericana sin hacerle daño.

20 DE ABRIL DE 1992
OVNI SOBRE LA CIUDAD

Cuando un avión MD-88 de Aeroméxico se acercaba al Aeropuerto para su aterrizaje, su tripulación reportó el avistamiento de un OVNI sobre la Ciudad de México.

21 DE JUNIO DE 1992
DECLARACIONES DE PILOTOS SOBRE OVNIS

El profesor José Luis Martínez Jiménez presentó un artículo en el periódico *La Prensa*, en el cual dio a conocer algunas declaraciones de pilotos mexicanos que habían tenido avistamientos de OVNIs durante vuelos comerciales.

El capitán piloto aviador Jorge P. F. Lara afirmó que él había tenido algunas experiencias y afirmó que otros pilotos también las habían tenido. En algunos de los casos las tripulaciones simplemente volteaban a verse unos a otros afirmando entre ellos "no vimos nada".

El capitán Lara recordó el caso del capitán López Betanzos el cual afirmaba haber sido interceptado por un OVNI cuando realizaba las operaciones de aterrizaje en el aeropuerto de Acapulco. Asimismo, se recordó que causó gran revuelo dicho caso en el medio aeronáutico.

Por su parte el capitán P. F. Lara relató sus experiencias con encuentros OVNI cuando volaba como piloto de una línea comercial, relatando que en una ocasión regresaba de un vuelo, habiendo despegado de Hermosillo, Sonora. Hacia las 10:30 de la noche algunos pasajeros le reportaron que habían observado un objeto luminoso el cual bajó del cielo a una velocidad muy elevada y que el mismo se posó sobre un cerro.

El capitán junto con su tripulación trataron de indagar qué era aquella luz, dirigiéndose hacia la dirección donde se observaba, pero intempestivamente aquella luz se elevó a una velocidad muy alta perdiéndose del cuadro de visión de los pilotos, quienes sorprendidos continuaron su vuelo, no explicándose qué habría sido aquella luz brillante.

También el capitán Lara recordó otro de sus encuentros, cuando él y otros pilotos, al estar cruzando el Océano Atlántico en la ruta Miami a Europa, cuando llegaban a volar aviones del tipo DC-8 y DC-10, de la empresa Aeroméxico, en varias ocasiones observaron objetos no identificados los cuales se desplazaban a velocidades muy grandes y que junto con sus compañeros pilotos llegaron a afirmar "que no eran satélites ni meteoros", simplemente no sabían qué eran aquellos objetos.

Afirmó también que en varias ocasiones había escuchado comunicaciones entre aviones y el centro de control del aeropuerto John F. Kennedy de Nueva York, recordando en especial una de ellas cuando el comandante de un avión de la línea aérea norteamericana Braniff informó a la torre de control del citado aeropuerto que una gran bola de fuego volaba en dirección opuesta a la de su avión y que cruzó muy cerca, sin sufrir ningún tipo de alteración, avería o daño al avión. (*La Prensa*, 21 junio de 1992).

28 DE JULIO DE 1992
REPORTARON OVNI AL
AEROPUERTO DE MAZATLÁN

Un caso en el que se ven involucrados tres aviones y un helicóptero. El investigador Iván García, presentó en la radiodifusora "Radio 13", en el programa dominical "Enigmas", la grabación de este encuentro. A continuación presentamos el texto íntegro de la misma, en que se ven involucrados: un avión Douglas DC-9 de Aeroméxico, Vuelo 142, procedente de la Ciudad de México; otro avión (sin especificar el tipo, matrícula XB-YQ?); otra aeronave (también sin especificar el tipo, matrícula XB-GUT); y un helicóptero, según la referencia del controlador aéreo.

COMUNICACIÓN TORRE DE CONTROL DE MAZATLÁN, SINALOA, 28 DE JULIO DE 1992

TORRE: BUENO, EL AEROMÉXICO UNO CUATRO DOS DE MÉXICO 20-20M SEALO, A VER, VERIFICA DÓNDE VES EL OBJETO VOLADOR NO IDENTIFICADO.

AEROMÉXICO 142: ESTÁ JUSTO AL ECO FRANCO, EH... POR ASÍ DECIRLO, SI TRAZARAS UNA LÍNEA AL ECO FRANCO DE LA CABECERA 22, A 6 MILLAS.

AVIÓN XB-YQ?: ESTÁ BIEN.

TORRE: DONDE ESTÁ EL YANQUI, QUEBEC, SI VE UN TRÁFICO, ESTÁ A LAS 10 DE SU POSICIÓN, CON 10 MILLAS.

TORRE (SEGUNDO CONTROLADOR AÉREO): BUENO, SI EL CÓDIGO 12, 12, NO PERO ES UN HELICÓPTERO, NI LE DIGAS, SE VA A ESPANTAR, SI ES PRÓCURO, VA A QUERER EMPEZAR A ECHAR BALA.

AVIÓN XB-GUT (EXTRA-BRAVO-GOLFO-UNIÓN-TANGO): CON LA SUERTE, QUÉ VA, UN TRÁFICO DESCONOCIDO, A LAS 10 DE TU POSICIÓN, A 2 MILLAS TRÁFICO LENTO Y CON RUMBO ESTE.

TORRE: DE AQUÍ SE VE UN RUMBO... MÁS BIEN RUMBO SUR.

AEROMÉXICO: AHORA SE OBSERVA CON RUMBO SUR CON POL Y TANGO 10 CERO.

TORRE: CON PURAS 9 CON 2 MILLAS Y MEDIA, EL TRÁFICO QUE LE INFORMÉ SE ENCUENTRA A LAS 9 CON 2 MILLAS Y MEDIA GOLFO UNIÓN TANGO.

AVIÓN XB-GUT (EXTRA-BRAVO-GOLFO-UNIÓN-TANGO): UNIÓN TANGO PENDIENTE CON TRÁFICO A LA VISTA.

De la anterior comunicación se desprende que tanto la torre de control de Mazatlán, Sin., como tres aviones, uno de ellos comercial, con pasaje, los otros dos con pilotos que tienen contacto visual con el OVNI y un helicóptero que vuela sobre la zona, están inmiscuidos y registrados tanto en la pantalla de radar, así como visualmente por el personal de la torre de control, que observa a las aeronaves y al OVNI con binoculares. El OVNI se encuentra a la derecha del avión DC-9 de Aeroméxico, a la izquierda del avión XB-YQ?, a la izquierda del avión XB-GUT, y también a la izquierda, pero a mayor distancia, del helicóptero.

JUNIO DE 1992 (sin especificar día, 20 ó 25)
DOS AVIONES REPORTAN
OBJETO VOLADOR EXTRAÑO

Lugar: Aeropuerto de Mazatlán, Sin. El controlador aéreo tuvo a bien relatarme su experiencia, en la cual se vieron involucrados dos aviones: un norteamericano y un jet ejecutivo mexicano: "Casi siempre, he trabajado en dicho Aeropuerto. Tenía en el radar a dos aviones que se acercaban a Mazatlán. Hacía mucho calor, eran como las 2 de la tarde cuando recibí la primera llamada de los aviones. Cabe mencionar que uno de los aviones era un Boeing 727-200 de American Airlines, el segundo era un jet ejecutivo Learjet:

AMERICAN: TORRE MAZATLÁN, AQUÍ VUELO DE AMERICAN CON BOEING 727. TORRE DE CONTROL...

SOLICITO PERMISO PARA ATERRIZAR, SOLICITANDO PERMISO PARA ATERRIZAR. NOS ENCONTRAMOS A 10 MILLAS DE MAZATLÁN, CAMBIO.

TORRE: AQUÍ TORRE DE CONTROL... UTILICE FVR (REGLAS DE VUELO VISUAL) PISTA DESPEJADA... TRANSPONER CONECTADO, CAMBIO.

Nota: (Transponder es un aparato que envía una señal al avión como faro de guía, el cual lo conduce hasta la pista, hasta la cabecera).

AMERICAN: TORRE MAZATLÁN, TENEMOS UN TRÁFICO A LA DERECHA DE NUESTRO AVIÓN. ¿LO CAPTAN EN SU RADAR?

TORRE: NEGATIVO AMERICAN, NO LO CAPTAMOS, CAMBIO. (En ese momento en la pantalla de radar sí captamos la señal de otro tráfico que volaba a la derecha del 727 de American, pero ya sabes que si lo reportas, luego te preguntan si dormiste bien o si tienes algún problema. Pero el tráfico sí aparecía en pantalla).

AVION LEARJET EJECUTIVO: TORRE DE CONTROL MAZATLAN, AQUÍ LEARJET XB-... (El controlador aéreo no recordó la matrícula exacta del jet privado).

NOSOTROS TAMBIÉN OBSERVAMOS EL OBJETO ESE QUE VA DEL LADO DERECHO DEL 727... ESTAMOS A 12 MILLAS, CAMBIO.

TORRE: AQUÍ TORRE AL XB-..., CAMBIO.

AMERICAN: TORRE MAZATLÁN, ESTAMOS APROXIMÁNDONOS A LA PISTA, EL OBJETO TIENE FORMA DE

DISCO Y ES PLATEADO. EN ESTE MOMENTO SE ESTÁ ELEVANDO MUY RÁPIDO. PROCEDO A CHECAR ALTÍMETROS, RADIO ALTÍMETROS Y BOMBAS HIDRÁULICAS, CAMBIO.

TORRE: ENTERADO AMERICAN, PLATAFORMA LIBRE, CAMBIO.

LEARJET: AQUÍ LEARJET XB-..., EL OBJETO ESE SE ELEVÓ MUY RÁPIDO. NOS ENCONTRAMOS A 8 MILLAS Y SOLICITAMOS PISTA PARA ATERRIZAR, CAMBIO.

TORRE: AQUÍ TORRE MAZATLÁN AL XB-..., UTILICE VFR, PISTA DESPEJADA, TRANSPONDER CONECTADO, CAMBIO.

LEARJET: AQUÍ XB-..., ENTERADO TORRE DE CONTROL, INICIAMOS DESCENSO, CAMBIO.

"Nosotros en la torre de control observamos todo el desarrollo del aterrizaje, tanto del Boeing 727 de American Airlines como el del Learjet ejecutivo. Yo presencié, en la pantalla del radar, cómo el OVNI siguió por el lado derecho del avión, así como la trayectoria que tomó al desviarse casi en la cabecera de la pista para perderse después. Yo no sé si el piloto de American realizó algún informe, ni los del Learjet, nosotros no lo hicimos".

3 DE SEPTIEMBRE DE 1992
OVNI SIGUE A UN AVIÓN

En una videograbación presentada en uno de los canales de la televisión mexicana se dio a conocer un video realizado de una aeronave que realizaba un vuelo crucero sobre la Ciudad de México y en el cual se aprecia un objeto de color blanco el cual seguía al avión, el mismo objeto se observa sobre el empenaje de la aeronave (cola del avión), el OVNI viaja a la misma velocidad que el avión y la grabación duró aproximadamente 30 segundos. En la última parte del video se puede observar como el OVNI se detiene, siguiendo el avión su trayectoria.

2 DE ENERO DE 1993
FLOTILLA DE OVNIS SOBRE LA CIUDAD DE MÉXICO

El periódico *La Prensa* publicó la información sobre el avistamiento masivo que tuvo lugar el primer día del año de 1993, teniéndose otro reporte también desde el 31 de diciembre de 1992, sobrevolando OVNIs la ciudad de México. Los OVNIs fueron avistados como esferas de apariencia metálica, desde diferentes puntos de la ciudad, y se reportaron tanto a las estaciones de radio como a la televisión y los medios escritos.

Fue tanto el asombro que causaron los OVNIs en esta ocasión sobre la Ciudad de México, que según información dada por el periódico *La Prensa* en una nota firmada por el periodista Augusto Cabrera, que, aunque no se había detectado la presencia de OVNIs en la zona Oriente del Distrito Federal, se dio aviso a la Fuerza Aérea Mexicana. Tanto helicópteros como aviones de la FAM, fueron puestos en alerta por los llamados del público, sobre las observaciones de los citados OVNIs, las aeronaves se encontraban en la base aérea de Santa Lucía, sobre la carretera a Pachuca, la comandancia de la citada base aérea mantuvo comunicación constante con la comandancia del Aeropuerto Internacional de la Ciudad de México, con el propósito de que las operaciones aéreas no tuvieran contratiempos. El citado periódico refiere que los pilotos de diferentes aeronaves que arribaron a la ciudad de México, "no reportaron la presencia de los OVNIs que eran vistos por centenas de capitalinos".

Asimismo, se indicó que aquella tarde se dieron instrucciones tanto a la torre de control como a Centro México, para que trataran de detectar la presencia de ecos desconocidos sobre la Ciudad de México. Dándose parte también a Servicios de Navegación en el Espacio Aéreo Mexicano (SENEAM).

Lo que llama la atención es que la Fuerza Aérea Mexicana, de acuerdo al citado periódico, estuvo alerta aquella tarde del 1 de enero de 1993, en prevención de enviar a aviones o helicópteros, hacia alguna zona de la ciudad, si la comandancia del Aeropuerto así lo determinara, situación que nunca sucedió. Después de varias horas los OVNIs se dispersaron en diferentes direcciones.

12 DE ENERO DE 1993
AVISTAMIENTO NOCTURNO

Nuestro amigo el investigador Luis Ramírez Reyes, refiere en su libro *Encuentros en todo el mundo*, la siguiente nota interesante: "La señorita Claudia María Acosta Ramírez escribió lo siguiente: La noche del 7 de enero de 1993, a las 21:00 hrs., mi novio y yo descubrimos en las alturas a un objeto volador que despedía una intensa luz roja, la cual se confundía con el verde y el azul. En ocasiones se movía para un lado y otro, como permaneciendo un buen rato detenido en el aire. Así lo apreciamos por espacio de dos horas, tiempo en el que captamos que dos aviones intentaron acercársele dos o tres veces, pero el objeto emprendía una velocidad inusitada para luego volver al sitio donde nos encontrábamos en Cuautitlán Izcalli, Edo. de México".

18 DE ENERO DE 1993
¿CENTRO TIJUANA TIENE ALGÚN TRÁFICO CERCA DEL MEXICANA?

El avistamiento de Objetos Voladores No Identificados, por tripulaciones de aviones nacionales de diferentes líneas aéreas, se incrementó en la década de los años 90's: el siguiente caso así lo demuestra.

El capitán piloto aviador Karl Echeguren, quien volaba como comandante de un avión Boeing 737–200 de la aerolínea TAESA, dio a conocer un incidente en el que él, junto con su tripulación pudieron observar un OVNI luminoso siguiendo a otro avión mexicano.

El vuelo que comandaba el capitán Echeguren efectuaba la ruta Tijuana-Guadalajara-Ciudad de

México; el avión, un Boeing 727-200, despegó del Aeropuerto de Tijuana, B.C., hacia las 7 de la noche.

Según el capitán Echeguren, aún había luz, pero las sombras de la noche ya se empezaban a observar. El avión despegó sin ningún contratiempo y solicitó a la torre de Tijuana las indicaciones para enfilarse sobre la aerovía hacia Guadalajara; la torre le asignó una altura de 9,000 pies, enfilándose hacia la citada ciudad. El avión en cuestión tenía que realizar una parábola para enfilarse hacia el VOR de Guadalajara pero en el ínter de tiempo que le llevó, pudo observar un avión del tipo Airbus A-320 de Mexicana de Aviación, el cual volaba en una aerovía a mayor altura y con destino a los Estados Unidos, pero el capitán se percató de que atrás del avión de Mexicana se podía observar perfectamente un objeto el cual tenía 4 luces de color rojo, las cuales prendían y apagaban en pares. Inmediatamente el capitán le preguntó a su copiloto si veía también aquel objeto con luces rojas a lo que respondió afirmativamente.

El capitán solicitó información sobre un trafico cerca del avión de Mexicana (así lo indicó el capitán) a la torre de control de Tijuana, respondiendo negativamente. Durante la conversación del avión de TAESA con la torre de Tijuana, un segundo avión, en este caso un DC-9 de Aeroméxico, el cual volaba atrás del Boeing 737 de TAESA y a menor altura. El capitán de este último entró a la conversación indicando que él también, junto con su tripulación, podían observar tanto al avión de Mexicana como al objeto con las luces rojas que lo seguía. Solicitó información a la misma torre de Tijuana sobre aquel objeto al que ellos llamaban tráfico que seguía de cerca al avión de Mexicana. La torre se concretó a informar que ellos no tenían a ningún tráfico cerca del avión de Mexicana; fue en esos momentos que el capitán de otro avión Boeing 737-200 también de TAESA, que volaba de Oakland Cal. a México, intervino en la comunicación entre los 2 aviones y la torre de control, afirmando esta última que posiblemente las tripulaciones de los otros 2 aviones estaban observando un reflejo.

Tanto el capitán Echeguren como el capitán del DC-9 de Aeroméxico negaron lo anterior, ya que para este momento algunos sobrecargos del avión de TAESA también habían observado el tráfico luminoso.

El capitán Echeguren empezaba a realizar la maniobra de curva hacia la derecha del Boeing 737 para enfilarse hacia Guadalajara en los momentos en que el capitán del otro avión de TAESA (el que venía de Estados Unidos), afirmó que él también estaba viendo tanto al Airbus de Mexicana como aquel objeto con las 4 luces rojas, que realizaba una maniobra hacia el lado izquierdo del Airbus, alejándose a gran velocidad. Cada uno de los cuatro aviones siguió su vuelo con sus tripulaciones a sus destinos y no se habló más del caso, afirmó el capitán Echeguren.

"Una de las cosas que puedo afirmar es que mi tripulación y yo tratamos de explicar qué podría haber sido aquel objeto con las luces rojas, tal vez un avión de vigilancia norteamericano, situación que no comparto, ya que las 4 luces rojas de aquel objeto eran muy grandes y brillantes como para que hayan sido 'vicoms' (luces de color rojo anticolisión), ya que eran muy grandes y no correspondían a nada que yo haya conocido antes de aquel incidente", concluyo así su relato el capitán Karl Echeguren.

2 DE MARZO DE 1993
DOS AERONAVES Y UN OBJETO NEGRO SOBRE EL D.F.

El Sr. Juan Flores logró videograbar hacia las 6 de la tarde las evoluciones de un objeto de color negro el cual se desplazaba hacia la zona de Chapultepec (poniente de la ciudad). El objeto se aprecia perfectamente teniendo como fondo un cielo anaranjado del atardecer del citado día, dentro de la toma se puede apreciar la silueta de un avión Boeing 747 el cual realiza las maniobras de aproximación al Aeropuerto de la Ciudad de México y a la vez también se observa la silueta de un helicóptero que también sobrevuela la ciudad en los momentos en que este objeto planeaba la misma.

10 DE SEPTIEMBRE DE 1993
UN OVNI SIGUE A UN AVIÓN

La Revista *Reporte OVNI* No. 18 presentó una nota obtenida del periódico Veracruzano *ABC*, la noticia firmada por el reportero Faustino Hernández, refiere que un extraño suceso causó gran conmoción entre las ciudades de Orizaba y Río Blanco, donde varios vecinos pudieron observar cómo un OVNI se colocaba en la parte posterior de la trayectoria de un avión comercial.

Faustino Macario Rosas, lugareño de las poblaciones referidas, dijo que era una enorme bola de fuego que perseguía al avión comercial.

Otro testigo, la señora Carolina Santarosa Gómez, remarcó que escucharon un fuerte zumbido en la azotea, lo que provocó que salieran al patio y en esta forma visualizaron a un OVNI que parecía ser una burbuja gigante de color rojo, desplazándose a una velocidad increíble.

Don Erasmo Bañuelos Rodríguez, le afirmó al reportero que sus hijos lo llamaron porque querían mostrarle una luz que había aparecido cerca del Pico de Orizaba. Carlos Menéndez, vecino del poblado de Cofre de Perote, narró que provenía de la Ciudad de Tlaxcala, cuando al llegar a la zona de niebla (en esta zona es muy frecuente la niebla), observó cómo una esfera de color rojizo se detenía como a 2,000 metros de altura, emitiendo una luz intensa que traspasaba la niebla e iluminaba la carretera. Otros testigos describen al OVNI con forma de balón. Por los diferentes entrevistados se concluye que el OVNI fue observado entre el Cerro del Borrego y el Volcán Pico de Orizaba. (Revista *Reporte OVNI* No. 18).

9 DE OCTUBRE DE 1993
OVNI DETECTADO POR CENTRO MEXICO

En el número 9,631 del periódico *2da de Ovaciones*, el reportero Mauro Basurto Caballero dio a conocer un informe sobre la observación, detección y una fotografía de un OVNI que había sobrevolado la zona del aeropuerto internacional de la Ciudad de México, así como una área de Ciudad Nezahualcóyotl y Los Reyes la Paz. En la citada información se daba a conocer que unas personas las cuales se encontraban en el cerro del Peñón, lograron observar en el cielo un objeto muy brillante, estacionado en el firmamento, el objeto se empezó a desplazar hacia el oriente de la Ciudad de México, observándose como una gran luz brillante en el cielo. Uno de los testigos del OVNI afirmó que él tenía un conocido en Centro México, su amigo que era un controlador aéreo está de servicio a esa hora en Centro México.

De acuerdo con la información referida después de una conversación sostenida entre el controlador aéreo y su amigo el primero declaró que el radar de Centro México, efectivamente había detectado la presencia del OVNI sobre la ciudad y éste no correspondía a la señal como la que presentaban los aviones al ser detectados en su sobrevuelo sobre la Ciudad de México, asimismo que personal de Centro México tuvo el conocimiento de la detección del OVNI, que los mismos no se alarmaron y que se dedicaron a observar los movimientos del OVNI que en ocasiones eran a una velocidad muy alta, el citado objeto apareció repentinamente en la pantalla de radar desapareciendo de la misma manera, asimismo se le preguntó al controlador aéreo si en otras ocasiones había sucedido algo similar informando que él no podía hablar mucho sobre esto pero afirmó que aquella noche lo que se había detectado sobre la Ciudad de México si había sido un OVNI.

Arturo Villanueva fotógrafo del periódico arriba citado logró obtener una placa del objeto brillante el cual se aprecia teniendo como fondo la Luna, algunos de los testigos afirmaron, que el objeto se logró desplazar a gran velocidad hacia el oriente, el avistamiento duró aproximadamente unos 10 minutos y terminó cuando la luz se apagó, según los testigos la luz que irradiaba aquel objeto era diferente a las que presentan los aviones de línea que aterrizan en la Ciudad de México, a su vez el fotógrafo Arturo Villanueva afirmó que aparte de la fotografía que se publicó en el citado periódico obtuvo otras más del OVNI.

NOVIEMBRE DE 1993
PILOTO OBSERVA OVNI POSADO EN UN CERRO

El domingo 28 de noviembre de 1993, el investigador José Luis Martínez publicó en *La Prensa* de ese día un caso muy interesante que le ocurrió a un piloto de aviación llamado Juan Hernández, quien le contó que en un vuelo cercano a Juchitán y tras 40 minutos de vuelo en su avioneta Cessna, encontrándose en plena sierra y volando a 1,500 metros de altura, observó a lo lejos un destello, por lo que decidió desviar un poco su camino para ir a ver de qué se trataba; descubriendo que ese destello provenía de una extraña nave como un platillo de color plateado, estaba suspendida sobre la punta de un cerro y este objeto no hizo ningún movimiento ante la cercana presencia de la avioneta. El piloto dio media vuelta para poder observar mejor, pero decidió alejarse de ahí por temor a lo desconocido. (*La Prensa*, 28 de noviembre de 1993).

OVNI JUNTO A UN DC-10-15 DE MEXICANA

El capitán Rico Cerda, quien en ese año era capitán de Douglas DC-10-15 de Mexicana, durante un vuelo nocturno de Mazatlán, Sin., a la Ciudad de México, pudo observar, junto con su tripulación, a los pocos minutos de haber despegado, un objeto de gran luminosidad que los seguía a la izquierda del avión. Asimismo, varios pasajeros también lo vieron. El capitán Rico solicitó información sobre un tráfico a la torre de control de Mazatlán, respondiéndole negativamente.

Este reporte le fue proporcionado en plática al técnico mecánico Daniel Pérez por el propio capitán Rico Cerda, ya que son amigos. Según el capitán, el OVNI siguió al DC-10-15 por algunos minutos, alejándose posteriormente a gran velocidad, hasta perderse de vista.

19 DE MARZO DE 1994
SE VIDEOGRABAN OVNIS Y AVIONES

Se logra videograbar un avión MD-88 de Aeroméxico, cuando pasa cerca de un objeto volador de color negro, mismo que estuvo 15 minutos estacionado frente a la zona del Cerro de la Estrella. El video lo tomó el Sr. Ricardo Fortul.

19 DE MAYO DE 1994
MD-88 DE AEROMÉXICO SE CRUZA
CON UN OBJETO DE COLOR NEGRO

El Sr. Ricardo Herbert logró videograbar un objeto volador de color negro el cual se encontraba estacionado a unos 1,000 metros de altura, sobre la Ciudad de México en una parte del citado video un avión del tipo MD-88 de aeroméxico cruza a un lado del OVNI. La hora del avistamiento fue hacia las 18:00 horas. El Sr. Herbert observó primeramente el objeto a simple vista, subió a su casa por la cámara y buscó el momento en el que un avión apareciera en la toma.

1 DE JUNIO DE 1994
CUATRO AVIONES SE ENCUENTRAN
CON UN OVNI SOBRE LA CIUDAD DE MÉXICO

Este día se logró obtener información que hacia las 5 de la tarde dos OVNIs se encontraban sobre la zona del Eje Lázaro Cárdenas, a la altura del antiguo "Cine

Maya". Esta información incluso estuvo en las páginas de la revista *Reporte OVNI*, No. 32.

Hacia las 5:10 de la tarde se observaban en el cielo, un objeto con forma de esfera, el cual iba siguiendo a un segundo OVNI, de forma alargada. Llevaban trayectoria de Norte a Sur. El primer OVNI de forma esférica quedó estacionado sobre la ciudad. Era de apariencia de aluminio, plateado. Es posible que este OVNI se lograra detectar en el Centro México, por la altura en que se encontraba, similar a la de los aviones.

Como a las 5:20 P.M., un avión del tipo Fokker-100 de Mexicana, el cual tenía el empenaje (cola) pintado de color anaranjado, pasó exactamente abajo del OVNI; es probable que la tripulación tuviera el contacto visual, ya que aquella tarde en la capital el cielo era totalmente azul.

El OVNI siguió estático por unos 10 minutos y se empezó a desplazar hacia el Poniente. Para este momento otro avión, esta vez un AIRBUS A-320, también de Mexicana, con el empenaje color verde pistache, pasó a un lado del OVNI. Al pasar la aeronave se observó que el OVNI se elevó a gran velocidad, ya que el diámetro del mismo se hizo más pequeño. En la zona del avistamiento ya se encontraban aproximadamente 14 personas que observaban hacia el cielo las maniobras del OVNI, entre ellos Armando Flora, Abel Benavides, Maximino Díaz, Vicente Flora y José Hernández, que accedieron a dar su nombre. Durante unos 30 minutos más el OVNI se desplazaba sobre la zona, incluso se dio aviso a la redacción de noticiarios de Radio Mil; el helicóptero de Radio Red dio dos vueltas sobre la zona, dándose también aviso a otras dos estaciones de radio.

Durante la operación de despegue de un avión Boeing 737 de TAESA, el OVNI se metió dentro de una nube (para ese momento el cielo se estaba cubriendo de nubes). Pasando 4 minutos el OVNI seguía en la nube, pasando muy cerca un avión DC-9-50 de Aeroméxico. Según versiones posteriores, en el medio aeronáutico, las tripulaciones de los 4 aviones comerciales tuvieron contacto visual con el OVNI:

De frente, a las 12:00

A la izquierda, a las 10:00

Arriba, a la izquierda, a las 11:00

Aquella tarde de junio 4 aviones mexicanos volaron cerca de un gran objeto que se encontraba estacionado sobre la Ciudad de México.

1 DE JUNIO DE 1994
OVNI CERCA DE UN FOKKER 100

El Sr. Jorge Díaz logró videograbar el sobrevuelo de un Objeto Volador de forma esférica, el cual se desplazaba sobre la zona sur de la Ciudad de México; el OVNI se movía a una velocidad menor a la de los aviones y se puede apreciar cómo se desplaza de una zona libre de nubes hasta otra, donde se introduce en una gran nube. A los pocos instantes pasa dentro de la toma un avión del tipo Fokker 100, de la línea aérea AVIACSA, el cual sobrevolaba el área del avistamiento del OVNI de apariencia metálica.

28 DE JULIO DE 1994
EMERGENCIA AÉREA:
UN OVNI AL PARECER ROZA UN AVIÓN

Durante las manifestaciones de OVNIs sobre la Ciudad de México, pocas veces se había reportado lo que al parecer fue el golpe de un OVNI a un avión de pasajeros.

Un MD-88 de Aeroméxico realizaba el vuelo 129 de Acapulco a la Ciudad de México. Al llevar a cabo el vuelo de aproximación, hacia las 21:00 horas, la tripulación sintió un golpe en la parte baja del avión, sobre la zona del World Trade Center de la Ciudad de México.

Inmediatamente se reportó a la torre de control y se inició un aterrizaje de emergencia.

Así lo relató el piloto en una entrevista a la televisión mexicana. El capitán Raymundo Cervantes Ruano fue entrevistado por el periodista Jaime Maussán, quien dio a conocer este caso.

En plática que sostuvo Alfonso Salazar, con el inspector Francisco Rodríguez Meza, le informó que esa noche él estaba en el hangar de dicha compañía y que se enteró del caso. Los pasajeros bajaron en la terminal aérea y posteriormente el avión fue conducido al hangar. El inspector Rodríguez afirmó que en la pierna derecha del avión se observó, en una línea hidráulica un corte como si se hubiera cortado "con una navaja".

Cabe mencionar que en el aeropuerto se implementó un dispositivo de emergencia durante el aterrizaje de dicho MD-88 donde por la capacidad, profesionalismo y experiencia del piloto y su tripulación, pudieron aterrizar sin consecuencias.

El corte que presentaba la línea de hidráulico con la consiguiente pérdida de fluido pusieron en peligro la operación del aterrizaje, y en opinión del inspector Rodríguez, no se pudo explicar qué ocurrió aquella noche sobre la zona del antiguo Hotel de México.

Miembros del equipo de "los vigilantes" habían videograbado un objeto de luz roja sobre dicha zona de la ciudad, e incluso se reportó a Centro México vía telefónica de la observación de dicho OVNI.

MÁS OVNIS SOBRE LA CIUDAD DE MÉXICO

Durante el mes de julio, las tripulaciones de varios aviones reportaron el avistamiento de objetos voladores extraños pasando junto, arriba, de lado, a alguna distancia de sus aviones.

Esta información en algunos casos fue corroborada por el Sr. Enrique Kolbeck, quien tiene más de 20 años como controlador aéreo.

8 DE AGOSTO DE 1994
UN MD-88 SE ENCUENTRA CON
UN OVNI EN TRAYECTORIA DE COLISIÓN

El vuelo 304 de Aeroméxico, con avión MD-88, realizaba el trayecto del puerto de Acapulco a la Ciudad de México cuando hacia las 11:30 de la mañana, los capitanes Fernando Mezquita y Carlos Corzo, observaron cómo un objeto de forma de platillo con apariencia metálica, muy brilloso, salió inesperadamente de una nube en dirección de colisión hacia el avión mexicano. Intempestivamente cambió su curso y el OVNI pasó por la parte inferior del MD-88.

Inmediatamente después los tripulantes llamaron disgustados a Centro México y todavía asustados por la situación de peligro que acababan de vivir, pidieron información sobre el por qué no se les había informado sobre algún tráfico en la zona. El controlador aéreo que les respondió les afirmó que en el radar y en sus pantallas no habían detectado ningún eco ni tenían información de algún avión sobre la zona. Según Centro México, ellos eran la sexta tripulación de aviones que reportaban la presencia de objetos voladores no identificados (OVNIS) sobre esa misma zona.

26 DE AGOSTO DE 1994
OVNI CERCA DE UN DC-10

Ricardo Fortul logra nuevamente videograbar otro Objeto Volador No Identificado, también de color negro, el cual sobrevolaba la zona del Cerro de la Estrella. En dicho video se observa a un OVNI realizando un giro a la izquierda de un avión McDonnell Douglas DC-10, que se aproximaba al Aeropuerto de la Ciudad de México.

16 DE SEPTIEMBRE DE 1994
MANTARRAYA VOLADORA SE CRUZA CON UN 727

Hacia las 12:00 del día, la tripulación de un avión Boeing 727-200F carguero, de la compañía aérea Quassar, matrícula XA-SGY (EXTRA-ALFA-SIERRA-GOLFO-YANQUI), vuelo 203, en ruta Cancún-México, llegaba a la Ciudad de México, sobre la zona de las Torres de Satélite, al Norte de la ciudad.

La tripulación integrada por el capitán Luis Miguel de León y el primer oficial Javier Martínez P.A., pudieron observar hacia las "3" (lado derecho del avión), un objeto volador con apariencia metálica, como de platino, muy brillante, que reflejaba y brillaba con la luz del sol, el cual pasó a una velocidad similar a la de un avión.

Según la tripulación, el objeto tenía forma de matarraya, se desplazaba a la misma altura del avión en dirección hacia el Norte de la ciudad. La observación del OVNI se realizó cuando el cielo se encontraba con nubes y zonas despejadas; el día era soleado, el tamaño del objeto era similar a la de un Boeing 727 (46.69 mts.). Tanto la Torre de Control como Centro México recibieron el reporte del avión de Quassar 203 sobre el avistamiento del OVNI. En la grabación de la comunicación entre el avión carguero y el Aeropuerto Internacional de la Ciudad de México, se logra escuchar la de un avión de Mexicana (vuelo 726), el cual volaba atrás del avión de Quassar 203. El capitán del citado avión de Quassar 203 solicitó informes sobre el avistamiento.

Dentro de la historia de los avistamientos de OVNIs, sobre la Ciudad de México, nunca se había reportado un objeto con las características de éste, avistado por la tripulación del 727 carguero, ni el tamaño ni la aproximación con el citado avión. En este caso la tripulación del trirreactor estaba perfectamente preparada y la información que se recibió esa tarde sobre el paso del OVNI, quedó grabada en Centro México.

A continuación reproducimos parte de la comunicación entre Centro México y los aviones que llegaban a la Ciudad de México.

QUASSAR — Golfo dos cero cero tres.

CENTRO MÉXICO — Mexicana siete dos seis, 180 nudos en tráfico.

MEXICANA 726 — 180 por tráfico Mexicana de siete dos seis.

CENTRO MÉXICO — EXTRA-PAPA en mira autorizado San Mateo a tres diez por derecha.

QUASSAR — EXTRA-PAPA recibido uno, uno OK.

CENTRO MÉXICO — Autorizado Alfa Cero, llegue por 5 derecha, afirmativo.

QUASSAR — Radar por dos cero, cero, tres, tenemos un objeto no identificado bastante rápido aquí a la derecha, aproximadamente a una milla.

CENTRO MÉXICO — Recibido, no se ve nada en la pantalla, gracias.

MEXICANA 726 — Por visual podemos descender.

CENTRO MÉXICO — De dos cero tres a ocho ochocientos.

QUASSAR — Ocho ochocientos, dos cero tres.

CENTRO MÉXICO — Correcto Mexicana, siete dos seis, mantenga altitud cinco.

OTRO AVIÓN (TERCER AVIÓN, NO SE DETECTÓ DE QUE LÍNEA PROVENÍA) No identificable (reporte refiriéndose al OVNI).

CENTRO MÉXICO — Mexicana siete dos seis tráfico...

Otras referencias a esta nota se publican en la revista FATE/December 1994.

18 DE SEPTIEMBRE DE 1994
FALLA TOTAL DE INSTRUMENTOS

Durante el vuelo de un avión Boeing 727-200, de la Ciudad de México a Oaxaca, el piloto reportó a Centro México la falla completa del compás direccional, transponder y radio ayudas, sobre la zona Norte del Estado de Oaxaca. Después de unos minutos la situación vuelve a la normalidad, pero según información extraoficial, varias tripulaciones reportaron hacia las 9:00 P.M., la observación de objetos voladores no identificados sobre la zona, con apariencia de luces, hacia la hora del reporte del avión con la falla.

14 DE OCTUBRE DE 1994
AVIÓN DC-9 Y OBJETO LUMINOSO

Un avión DC–9 de la línea Aerocaribe durante la operación de despegue pasó a una distancia cercana a un objeto luminoso el cual se encontraba a mayor altura, pero dentro del espacio aéreo de la Ciudad de México, esto se logró obtener en un video el cual fue presentado en la televisión mexicana durante el final del año 94.

8 DE DICIEMBRE DE 1994
OVNI PASA FRENTE A UN AVIÓN, EN SITUACIÓN PELIGROSA

En una información dada a conocer en el libro de Luis Ramírez Reyes, *Encuentros en todo el mundo*, refiere escuetamente la nota de que un OVNI cruzó a gran velocidad hacia la parte frontal de la aeronave, siendo las 13:00 hrs., y que según la información, dicho OVNI pasó cerca de la aeronave casi para colisionarse, esto sucedió en los momentos en los que el piloto, de quien no se da su nombre, realizaba las operaciones de aterrizaje hacia el Aeropuerto Internacional de la

Ciudad de México, afirmándose en la misma nota que el choque hubiera sido inevitable.

15 DE FEBRERO DE 1995
AVIONETA Y OVNI SOBRE
LA CARRETERA A CUERNAVACA

El aspirante a piloto Humberto Hernández, junto con otro alumno de la escuela de aviación y su instructor, realizaban un vuelo del aeropuerto de Cuernavaca, Morelos al aeropuerto de Toluca.

Ellos viajaban a bordo de una avioneta Cessna 210 monotor, el tiempo era claro y con visibilidad de unas 7 millas, habían despegado hacia las 12:30 del día, el vuelo era normal, pero al estar volando sobre la vertical de la caseta de cobro de la carretera Cuernavaca a México, el Sr. Hernández observó a unos 150 metros a la izquierda de la avioneta un objeto volador de apariencia metálica brillante como si fuera un balín, el objeto volaba a la par de la avioneta.

Tanto el instructor como el segundo alumno pudieron observar el raro objeto que los acompañaba, al cabo de unos momentos, el objeto se alejó en dirección diferente hasta perderse de vista.

Al aterrizar, se realizó un informe de lo visto, ya que durante el vuelo se solicitó a la torre de control del aeropuerto de Cuernavaca, informe sobre el tráfico desconocido, afirmando que en la torre no tenían conocimiento de alguna otra aeronave en la zona.

VIERNES 7 DE JULIO DE 1995
CASI CHOCA CON OVNI EN FORMA DE PURO

Hacia las 4:30 de la tarde se observó un Objeto Volador que se desplazaba a gran velocidad, entrando y saliendo de los bancos de nubes. La dirección que llevaba era de Poniente a Oriente, a una altura aproximada de 12,000 metros. El objeto era de color blanco, con forma de puro y al entrar a una nube casi se cruzó con un avión Boeing 727-200 de Mexicana de Aviación, pasando muy cerca del avión, hacia su lado izquierdo.

8 DE OCTUBRE
RADAR DETECTA OVNI

El Sr. Roberto Praga, reportó al programa "Juicio Ovni", de la estación Radio Red, conducido por el periodista Luis Ramírez Reyes, que durante los días anteriores se observó un OVNI sobre la Ciudad de México, en especial sobre la zona del Cerro del Peñón, y que el mismo fue detectado por el radar de Centro México, en el Aeropuerto Internacional de la Ciudad de México.

11 DE OCTUBRE DE 1995
OVNI CON LUZ BLANCA SOBRE EL DISTRITO FEDERAL.
"DESMIENTE" CENTRO MÉXICO LA DETECCIÓN

La tarde de ese 11 de octubre, centenares de capitalinos lograron observar un Objeto Volador, el cual lanzaba una luz blanca. El avistamiento se realizó hacia las 18:00 hrs., informándose a varios medios de comunicación, tanto radiales como escritos. El periódico *La Prensa*, en su edición del 12 de octubre, informó que el jefe de turno del Servicio a la Navegación en el Espacio Aéreo Mexicano (SENEAM), Gerardo Esquerra y Víctor Prado, de la Comandancia del Aeropuerto Internacional de la Ciudad de México, afirmaron que los radares del citado Aeropuerto no detectaron ningún tráfico diferente al de los aviones que llegaban y salían a esa hora de la ciudad. También dijeron que los radares no detectaron "nada relevante", ni nada que tuviera referencia con "naves extrañas", concluyendo el Sr. Víctor Prado que: "No es la primera vez que suceden este tipo de cosas".

OVNI BAJO UN 727

El Sr. Víctor Verde informó que durante un vuelo en la cabina de un avión Boeing 727-200 de Mexicana, logró observar un objeto muy luminoso, el cual pasó por abajo del avión. A su vez los miembros de la tripulación se preguntaban qué podría haber sido aquello. Incluso se pidieron informes a la torre de Puerto Vallarta. El avión cubría la ruta Puerto Vallarta-México, D.F., y el avistamiento fue a las 10:30 P.M.

15 DE OCTUBRE
OVNI LUMINOSO

El Sr. Heriberto Estrada logró videograbar un objeto volador de apariencia metálica, el cual se encontraba estacionado sobre la zona de Santa Cruz del Monte en Naucalpan, Edo. de México. En dicho video se puede observar cómo cruza por debajo de un avión Boeing 727-200, mismo que preparaba su vuelo de acercamiento al aeropuerto capitalino.

15 DE OCTUBRE DE 1995
ATERRIZAJE FORZOSO DE UN AVIÓN
BOEING 747-200 ARGENTINO: VIERON UN OVNI

Un Boeing 747-200 de Aerolíneas Argentinas realizaba el vuelo de acercamiento al Aeropuerto Internacional de la Ciudad de México, para aterrizar en el mismo, al momento del aterrizaje la tripulación cambió el rumbo para tomar la pista alterna (pista 5 izquierda) situación que derivó en el rozamiento y golpe del motor número 1 situado en el ala izquierda, inmediatamente el avión incrementó su velocidad abortando el aterrizaje y elevándose para realizar otra operación de aterrizaje, el avión estaba autorizado a la pista 5 izquierda errando el aterrizaje, y lográndolo posteriormente, checándose los daños en el motor 1 y en el caulin (tapa de motor). El Sr. Humberto Hernández afirmó que a los diez minutos de aterrizar el Jumbo Argentino él, junto con sus compañeros de Aeroméxico, tuvieron oportunidad de observar el paso en el cielo de un objeto translúcido, el cual viajaba a gran velocidad de sur a norte. Según su relato el objeto se observaba como vibrante y translúcido, volando a una altura similar a la de los aviones.

JUEVES 2 DE NOVIEMBRE DE 1995
OVNI SOBRE EL AEROPUERTO VERACRUZANO

El periódico *El Sol Veracruzano*, publicó un artículo referente a las observaciones realizadas por personal aéreo de la torre de control del Aeropuerto *El Lencero*; según la información, el capitán Carlos Kauffman, junto con un segundo controlador que no dio su nombre, afirmaban que en varias ocasiones habían tenido la oportunidad de observar durante las mañanas la presencia de un objeto volador no identificado (OVNI), el cual se estacionaba sobre la pista a una altura de 12,000 pies. Asimismo afirmó el capitán Kauffman que recibieron varias llamadas del público informando sobre el avistamiento de enormes luces sobre la región (el aeropuerto se encuentra a un costado de la carretera México-Veracruz. El profesional también afirmó que varios pilotos aviadores fueron testigos de esos sucesos. Las diversas llamadas de los testigos de los avistamientos reafirmaban las observaciones de OVNIs en la región de Veracruz. El artículo y la investigación fueron realizados por el periodista Arturo Hernández Salazar.

11 DE NOVIEMBRE DE 1995
GRAN OBJETO LUMINOSO CAUSA
EXPECTACIÓN EN EL D.F.

El siguiente incidente tuvo lugar sobre el Poniente de la Ciudad de México, hacia las 7:00 de la noche.

Cientos de personas lograron observar una gran luz blanco-azulada, que se encontraba estática.

La descripción del objeto, según los testigos del avistamiento, fue: que era una luz muy brillante de tamaño inusual, la cual centellaba hacia el horizonte. El periódico *Segunda de Ovaciones*, informó que en el Centro de Control México "no detectaron ningún aparato en sus pantallas". A su vez, afirmaron que desde la torre de control sí observaron una extraña luz de tono "rojizo" hacia el Poniente de la Ciudad de México.

El objeto luminoso permaneció estacionado por espacio de una hora, e incluso en el número 7 de la Revista *Contacto OVNI*, se presentó un reporte completo sobre el incidente, titulándolo "Extraña Esfera Luminosa". Una copia de se video fue dado a esa revista por Alfonso Salazar. Cabe mencionar que la fotografía del OVNI, que fue presentada en la portada de la Revista, fue sacada del mencionado video.

A su vez, se presentó otra fotografía que hacía evidente que el OVNI estaba cerca de aviones que en esos momentos llegaban a la Ciudad de México, como fue el caso de un avión Boeing 737-200, de la línea TAESA, que pasó cerca del OVNI.

El caso armó tal revuelo que el video fue presentado por varios noticiarios en la televisión mexicana y según información de varios testigos, el OVNI se dejó de observar tras aproximadamente una hora. Cabe mencionar que este ha sido uno de los casos a los que se les dio un gran seguimiento por todos los medios, en la década de 1990.

6 DE DICIEMBRE
OVNI FRENTE A UN FOKKER

El Sr. Heriberto Estrada logró obtener otro video, en el cual se aprecia que un avión Fokker de Mexicana, también en vuelo hacia el aeropuerto (ya que la zona de donde el Sr. Estrada logró sus videos se encuentra al Norte del D.F., sobre el corredor de San Mateo), pasa por la parte inferior del OVNI, el cual se encontraba a mayor altura entre las nubes.

DICIEMBRE
¡SE ESTÁ QUEMANDO EL AEROPUERTO!

Vieron 5 bolas de fuego, el Sr. Arnulfo Hernández quien es coordinador de personal en una conocida línea aérea y quien lleva más de 30 años como personal técnico de aviación, en diversas empresas aéreas, en varias partes de México y del extranjero, relató la siguiente experiencia que a él le tocó vivir: en diciembre de 1995 formaba parte del grupo de mecánicos técnicos de la empresa Aeroméxico; realizaban un servicio tipo "C" a un avión DC-10-15 de la citada empresa, encontrándose trabajando en la toma de aire del motor 3 (ala derecha del avión). Hacia las 3 de la mañana uno de los mecánicos afirmó ¡miren se está quemando el aeropuerto! Inmediatamente dirigieron sus miradas hacia la zona norte del aeropuerto, pudiendo observar unas bolas de fuego, las cuales al parecer, según informes del Sr. Hernández salían del bosque de Aragón, aquellas bolas de fuego se desplazaban a unos 3 metros del suelo y volaban sobre las pistas del aeropuerto, alguna de ellas se posaron sobre la antena terrestre que se encontraba casi al final de las pistas; para ese entonces varios mecánicos observaban las bolas de fuego.

Al pasar algunos minutos aquellos haces luminosos se elevaron hacia el cielo hasta perderse de vista, los mecánicos continuaron durante el resto de la madrugada con sus trabajos y al día siguiente no se habló más de lo sucedido.

LUNES 1 DE ENERO DE 1996
DC-9 SE CRUZA CON OVNI

El OVNI se observó al paso de un avión DC-9, que volaba a unos 11,000 metros y que dejaba una cauda de color blanco, producto del calor de sus motores y de la combustión del carburante; el avión volaba de Sur a Norte.

Al enfocarlo con los binoculares, se cruzó un objeto de apariencia metálica, que llevaba una dirección de Poniente a Oriente, a una altura un poco más baja del avión. Al seguir a dicho avión se perdió al objeto y aunque se siguió buscando, ya no se logró localizar.

OVNIS REPORTADOS POR UN AVIÓN DE LA POLICÍA FEDERAL DE CAMINOS

El Sr. Roberto Cejudo es técnico en una empresa aérea. Según relato que le fue dado a conocer por un amigo, que se desempeña como piloto de la Policía Federal de Caminos, en un avión del tipo Fairchild F-27, llegó a tener avistamientos de OVNIs sobre la República Mexicana.

El capitán Antonio Santillán reportó a la Torre de Toluca el avistamiento de un Objeto Volador No Identificado (OVNI), cuando realizaba su vuelo de aproximación al citado aeropuerto, en la torre de control le indicaron que ellos no detectaron ningún eco junto al de su avión. En dos ocasiones más el mismo capitán Santillán logró observar objetos luminosos, parecidos a luces centelleantes, cuando volaba un avión del tipo Turbocomander, en vuelo nocturno. En ambas ocasiones los OVNIs fueron reportados a las torres de control de Sinaloa y Oaxaca, respectivamente.

FEBRERO DE 1996
ESFERA BLANCA FRENTE A UN JET

La tripulación de un avión 727-200 de Mexicana de Aviación, Matrícula XA-MXJ (EXTRA-ALFA-METRO-EXTRA-JULIETA) recibió uno servicio de revisión, el cual fue terminado en febrero de 1996. Cuando una revisión de este tipo se termina, el avión en cuestión tiene que realizar un vuelo de prueba que se efectúa sobre el mar, frente a la costa de Acapulco. Durante ese vuelo se realizan maniobras de toque de pisa, alabeos, cabeceos, desplomes (maniobras aeronáuticas) las cuales tienen como finalidad checar el perfecto funcionamiento del avión. El avión, que lleva por nombre "Puerto Escondido", despegó del Aeropuerto Internacional de la Ciudad de México en la segunda quincena de febrero de 1996, en el avión viajaban 8 personas entre el piloto, el primer oficial, el ingeniero de vuelo, el inspector de vuelo y varios mecánicos, la salida de la Ciudad de México fue alrededor de las 4:30 de la tarde, y el itinerario era México-Acapulco-México. Entre los miembros de la tripulación viajaba el mecánico Job Hernández que es mecánico de la citada empresa, nos relató la historia que él presenció.

EL VUELO DE PRUEBA SE REALIZÓ SIN NINGÚN PROBLEMA

El avión realizó sobre el mar todas las pruebas a las que fue sometido, durante aproximadamente dos horas cincuenta minutos. Según el relato del señor Hernández, al regresar hacia la Ciudad de México sucedió algo a lo que él mismo no puede dar una explicación satisfactoria.

VEN UN OVNI

El Boeing 727-200 realizaba el vuelo de regreso al Aeropuerto Internacional de México, el avión volaba a 20,000 pies (6,000 metros), el tiempo era soleado con nubes, sin lluvia, en la cabina viajaban el piloto, el primer oficial, el ingeniero de a bordo, el señor Hernández en la puerta de cabina y el inspector de vuelo.

Según el relato del testigo, el vuelo en esos momentos se encontraba sobre la zona de los volcanes: "yo me encontraba observando hacia el frente, teniendo delante de mí a los pilotos, el ingeniero de vuelo junto con el inspector revisaban los parámetros del avión en la consola que se encuentra en la parte derecha de la cabina del avión, cuando de pronto, frente al avión, se cruzó un objeto redondo de color gris muy similar a una sonda meteorológica, de una forma circular perfecta".

Aquel objeto cruzó frente al avión de arriba abajo, calculo que lo vimos durante aproximadamente unos 5 segundos. Los que vimos el OVNI fuimos tres, el piloto, el primer oficial y yo. En el momento en que el OVNI cruzó frente al avión tanto el piloto y el primer oficial se sorprendieron mirándose uno a otro. Yo por mi parte le pregunté al ingeniero de vuelo y al inspector ¿vieron eso?, a lo que respondieron "no, no vimos nada". Tanto los pilotos y el inspector siguieron hablando entre ellos sobre los parámetros de vuelo, en el reloj del avión se leía las 18:40 de la tarde. (Le pregunté si en algún momento él pensó que aquel objeto pudiese chocar con el Boeing al cruzarse frente a ellos, a lo que respondió que no, solamente se cruzó, también le pregunté a qué distancia se encontraría el

OVNI, no pudiendo calcularla, ya que en vuelo es difícil tener referencia entre un objeto y otro.

EL TAMAÑO DE AQUEL OBJETO ERA GRANDE

Según el señor Hernández, el tamaño de aquel objeto debió ser muy grande, ya que cubrió la parte derecha del parabrisas del avión.

Aquel objeto no pudo ser un globo meteorológico o globo sonda, ya que lo que vieron durante aquel vuelo de prueba, llevaba una velocidad constante, cruzó frente al avión de arriba hacia abajo, el color del mismo era gris, los globos meteorológicos que se lanzan desde el Aeropuerto de México se elevan en forma parabólica y no llegan a alcanzar una distancia tan grande hacia el oriente en la zona de los volcanes.

Según el relato del señor Hernández, el vuelo del Boeing 727 siguió hasta su aterrizaje en la Ciudad de México, no se hizo ningún reporte sobre lo que vieron y al bajar del avión no se habló sobre el OVNI.

Este fue el relato que nos confió uno de los miembros del avión que se sinceró, nos preguntamos cuántos otros encuentros de aviones comerciales con OVNIs han sucedido en México sin que se den a la luz pública.

13 DE MARZO
¿QUÉ FLOTA EN EL AIRE?

El 13 de marzo el periódico *La Prensa* afirmó que, en algunos accidentes aéreos no se conocen a fondo las causas de los mismos. Retoma un accidente sucedido a un avión Boeing 737 de la aerolínea Faucett del Perú, el cual faltándole 3 minutos para aterrizar se estrelló, habiendo reportado el piloto que todo estaba en orden.

Según información proporcionada al reportero, entre los pilotos circula una versión de auténtica ciencia-ficción para explicar los accidentes aéreos, misma que describen de la siguiente manera:

"En el aire, gravitando, como si tuviera sustentación de motores, sólida, transparente, flota de aquí para allá, transoceánica e intercontinental, una masa que el radar no registra. Muchos pilotos cuentan que han visto cómo los rayos del sol se refractan en un punto donde no hay nada. Podría pensarse en una nube, pero es el caso que el cielo, cuando hicieron la observación, estaba más lisito que la superficie de un espejo, dubitativos, temblorosos, construyen la idea de que si ese punto refractario que tenían al costado de sus naves hubiera estado al frente, no habrían podido narrar la experiencia".

Según el reportero, algunos pilotos se aventuran en fantasear con metafísica, buscando un culpable desconocido en los aires para explicar muchos accidentes.

"El monstruo alado, invisible, compacto como el acero, contra el que se han estrellado centenares de aviones, estaría en el cielo, nadie se atreve a conjeturar de qué fenómeno físico o químico transformador de los elementos se compone el aire.

"El rumor descabellado y excitante no es nuevo. Desde que los OVNIs invadieron nuestro espacio científico, se habla de un artefacto translúcido tripulado por seres incorpóreos, que sobrevuela la geografía, cuando estos descienden y adquieren relieve óptico, se producen los llamados 'Contactos del Tercer Tipo', que hacen la delicia de los buscadores de seres extraterrestres. Una masa gigantesca que invisible flota, o es dirigida inteligentemente, contra la que se estrellan los aviones, suena a delirio de alcaloides, pero...".

Este reporte fue firmado por Rodrigo Pagés; pareció interesante incluirlo, ya que puede tener algo de cierto en el fondo.

JUNIO DE 1996
OVNI REPORTADO CERCA DE CUERNAVACA

El siguiente reporte fue dado a conocer en el programa radial nocturno del locutor Víctor Manuel Barrios Mata, quien junto con el investigador Martín Aparicio, presentaban una sección de temas relacionados con el fenómeno OVNI, en la Estación XEDF.

Durante un programa realizado en junio de 1996, un estudiante de aviación de nombre Hugo Flores, se comunicó telefónicamente para solicitarle informes sobre el caso y la grabación que había enviado a los locutores, quienes afirmaron que se estaban realizando pruebas a la grabación, en la que se escuchaba: "Búscalo, búscalo, ¿en dónde está?" y que según el estudiante, él y su instructor de vuelo habían observado cerca de Cuernavaca, un objeto de apariencia metálica, que estaba sobre un cerro aledaño a esa ciudad.

Según la grabación, el Objeto Volador desconocido fue visto cuando volaban a una altitud de 5,500 pies (1,650 metros). No se especificó el tipo de avión que volaban ni la hora del avistamiento.

Cabe mencionar que el lenguaje aeronáutico que utilizó el estudiante Hugo Flores, reafirmaba sus conocimientos en aviación.

5 DE JUNIO DE 1996
FOTOGRAFÍA DE UN OVNI
Y UN AVIÓN EN YUCATÁN

La revista *Contacto OVNI*, en su número 26, en su Sección de "Cartas", dio a conocer una fotografía que habían recibido y que había sido tomada cerca del Aeropuerto Internacional de Mérida, Yuc., al sur de la República Mexicana. En dicha fotografía se puede observar una columna de concreto en construcción. A la derecha de la misma se aprecia un avión del tipo Douglas DC-9, el cual realizaba las operaciones de aterrizaje. Hacia el lado izquierdo de la misma fotografía y bajo unos cables de alta tensión, se puede observar un objeto en forma de disco de color negro, que está estacionado a unas cuantas decenas de metros del piso y a su vez se encuentra al lado de una antena. De acuerdo al artículo que se da a conocer en la revista, el objeto fue descubierto hasta que se reveló el rollo. Según la información, la fotografía fue tomada aproximadamente a las 9:15 A.M., con cielo medio nublado, a unos 28°C y la cámara utilizada fue una Canon EOS1000-F (enfoque automático, tipo Reflex). El lente era un Canon Zoom EF75-300mm, enfocado a 135mm. La película era Agfa Color XRG-100 y la velocidad de 1/350 seg. Abertura F=9.5.

En lo que fue la mitad de la década de 1990 se recibieron varios reportes de observaciones de OVNIs sobre la zona de Mérida, Yucatán. Ya desde 1950 diversos periódicos informaban de avistamientos de estos objetos en tierras yucatecas.

15 DE JUNIO DE 1996
OVNI TRAS UN AVIÓN

El Sr. Juan Sánchez reportó la observación que realizó desde la zona de Cuautitlán, Edo. de México, hacia las 11:00 de la mañana.

Según dice, vio una "nave" en forma de plato, la cual lanzaba luces intermitentes; el objeto seguía de cerca a un avión, al parecer lo alcanzó, pasó muy cerca del fuselaje, le dio dos veces vuelta al avión, el cual se bamboleó; el objeto se desplazó hacia el lado izquierdo de la aeronave y se retiró a una velocidad calculada en 200 kilómetros por hora. La zona del avistamiento fue exactamente en la carretera México-Querétaro.

12 DE AGOSTO DE 1996
AVISTAMIENTO MASIVO DE TRIPULACIONES:
OBSERVAN UN OVNI OSCURO

Centro México (Centro de control de radar de la Ciudad de México), recibió varios informes de diversas aeronaves (Mexicana, Aeroméxico), de que un objeto grande y oscuro se encontraba sobre la ruta aérea hacia las "3" (lado derecho de los aviones), el cual según los pilotos, era de apariencia sólida, todos los vuelos tenían como procedencia el Estado de Veracruz. Según el controlador aéreo Enrique Kolbeck y los datos proporcionados por los pilotos, el OVNI se encontraba sobre la zona de Cofre de Perote, a una altura aproximada de unos 12,000 metros; las tripulaciones lo reportaban como "un tráfico raro".

Según afirmación del propio Sr. Kolbeck, el OVNI sí fue detectado en la pantalla del radar y quedó asentada la comunicación en las grabaciones de Centro México. En las mismas se escuchaban todos los datos del avistamiento masivo de las tripulaciones de aviones mexicanos sobre Veracruz.

20 DE OCTUBRE DE 1996
OVNI LUMINOSO

El Sr. Pedro Ávila logró videograbar un objeto luminoso de apariencia metálica, mismo que se encontraba estacionado sobre la zona de Naucalpan. En el video se logra apreciar el sobrevuelo de un avión Boeing

727-200 de Mexicana, el cual cruza a una altura aproximada de 2,000 metros. La hora de observación fue 6:00 P.M.

22 DE OCTUBRE DE 1996
OTRA LUZ POTENTE

El mismo Sr. Pedro Ávila toma un video nocturno, en el cual se puede apreciar un objeto volador luminoso estacionado en el cielo; a su vez se puede ver perfectamente el paso de un avión Fokker 100 de Mexicana, el cual prepara su descenso hacia el aeropuerto capitalino.

DICIEMBRE DE 1996
TRES OVNIS ACOMPAÑAN A UN AIRBUS

Según informe dado por el Sr. Enrique Kolbeck, Controlador Aéreo, respecto al vuelo 748 de Mexicana de Aviación, el cual cubría la ruta Tampico-México, el avión desde su despegue del puerto fue acompañado por tres OVNIs, los cuales irradiaban una gran luz.

El avión fue seguido hasta las inmediaciones del Vaso de Texcoco, zona donde los tres OVNIs se dirigieron hacia otra zona distinta al Aeropuerto Internacional de la Ciudad de México.

Durante los días subsecuentes, se observaron varios objetos, los cuales evolucionaron sobre la Ciudad de México. Los mismos, hacia los días finales del año, fueron observados por 28 personas desde la torre de control del Aeropuerto, habiendo sido también detectados por el radar. Según se supo posteriormente, el avión era un Airbus A-320.

6 DE ENERO DE 1997
ENCUENTRO OVNI-AVIÓN REPORTADO AL RADIO

Según informe dado a conocer en el programa "Objetivo OVNI", conducido por el periodista Luis Ramírez Reyes en Radio Red, la tripulación de un avión de la línea Aeroméxico, durante el vuelo entre las ciudades de Los Angeles-México, D.F., al sobrevolar la zona de San Diego, pudo observar una luminosidad parecida a la luz de neón, la cual al parecer no podía ser producida por ningún tipo de avión, por lo que el hecho queda como un avistamiento sin identificar, de un fenómeno aéreo desconocido. El avión según el informe, era piloteado por el capitán Francisco Fernández.

7 DE ENERO DE 1997
OVNI SOBRE CALZADA DE TLALPAN

El Sr. Carlos Berth afirmó haber observado como a las 9:00 de la mañana, en el área del Centro Comercial Aurrerá de Nativitas, un OVNI, que estaba estacionado sobre la zona y directamente en la aerovía hacia el Aeropuerto. Según su informe, un avión MD-88 de Aeroméxico, descendía en ese momento.

25 DE ENERO DE 1997
MÁS OVNIS

Según informes que se tuvieron en el Aeropuerto Internacional de la Ciudad de México durante esa semana, se observaron y detectaron sobrevolando OVNIs sobre la ciudad. Estas observaciones fueron registradas por Centro México, y reportado por las tripulaciones de un avión de TAESA, uno de Aeroméxico y otro de Mexicana. El primer avión reportó que había sido rebasado por un tráfico a gran velocidad y pedía informes sobre el objeto. La torre respondió que no tenía ningún tráfico. Las tripulaciones de los aviones siguientes reportaron una situación similar. La hora aproximada del avistamiento fue a las 19:30 hrs.

11 DE MARZO DE 1997
OVNIS SOBRE EL DISTRITO FEDERAL

Siendo las 19:00 hrs., personal de Centro México detectó dos tráficos, los cuales cruzaron el VOR (Radio Ayuda o faro que tiene como finalidad guiar a las aeronaves durante la ruta que realizan en viaje de una ciudad a otra) México. Uno de los tráficos (desconocidos), llevaba una ruta Sur, dirigiéndose hacia el Oeste y el segundo ruta Norte-Este.

Hacia las 19:35, otros dos tráficos cruzaron uno de Norte a Sur sobre el Aeropuerto Internacional de la Ciudad de México, otro Sur Oeste a Este, el segundo tráfico viró rápidamente hacia el Este del Ajusco y luego tomó dirección hacia el Estado de Puebla. El primero se dirigió a 7.5 millas hacia Azimud 256, hacia la ciudad de Cuernavaca, Mor.

2 DE MAYO DE 1997
LUCES BAJO UN MD-88

Hacia las 10:30 de la noche, el capitán de un avión MD-88 de Aeroméxico realizaba un vuelo Veracruz-México, D.F., reportó a la torre de control del Aeropuerto Internacional de la Ciudad de México que unas luces se desplazaban debajo de su avión y solicitó informes sobre otros aviones en el área; desde la torre de control se le reportó que no había tráficos conocidos en la zona. La observación se realizó entre el Puerto de Veracruz y Nautla.

MIÉRCOLES 21 DE MAYO DE 1997
EL AEROPUERTO CERRÓ OPERACIONES
DE VUELO; FALLARON LOS RADARES

El Aeropuerto Internacional de la Ciudad de México (AICM), cerró ayer operaciones de vuelo durante 53 minutos por alteraciones en la frecuencia de radio y equipo de radar, que impidieron la comunicación entre la torre de control y los aviones.

En entrevista, José Alanís, inspector de la Dirección General de Aeronáutica Civil, precisó que la interrupción se debió a una falla en el sistema de frecuencia 1.5 de comunicaciones, por lo que más de 52 vuelos, tanto nacionales como internacionales, se demoraron.

La irregularidad, dijo, se inició a las 7:15 horas, cuando se perdió el enlace entre la torre de control y los pilotos, lo que provocó que 35 operaciones de salida de aeronaves efectuaran sus despegues 53 minutos más tarde.

Además, unos 17 aviones no pudieron aterrizar en ese lapso, por lo que fueron desviados a los aeropuertos de Toluca, Guadalajara y Acapulco, donde esperaron a que fuera reparada la avería en las comunicaciones del Centro de Control México. El pleno enlace entre la torre de control de AICM y las aeronaves, se restableció a las 8:08 horas y así regresó la estabilidad en el tráfico aéreo.

El problema ocasionó que cientos de pasajeros perdieran varias horas; incluso, en algunos casos, interconexiones con otros vuelos.

En los pasillos del aeropuerto, los viajeros tuvieron que permanecer en las salas de espera a que se restableciera la comunicación entre la torre de control y los aviones, para evitar cualquier accidente.

MAYO DE 1997
OVNI REPORTADO SOBRE VERACRUZ

Aeronaves de México y Mexicana informaron a Control México la presencia de un objeto en forma de plato en un tono oscuro, que se encontraba estacionado sobre la zona de Perote, Veracruz, pero de nueva cuenta Control negó la presencia de algo en el cielo mexicano.

15 DE JUNIO DE 1997
EL TICAS DETECTA OVNI

El siguiente informe nos fue proporcionado por el Sr. Marcos Gerardo, quien es también parte del personal aéreo del aeropuerto; menciona que un avión Boeing 727-200 de Mexicana, piloteado por el capitán Francisco Sarabia Alcocer, al realizar un vuelo doméstico en México, al regresar y preparar el vuelo de aproximación al Aeropuerto Internacional de la Ciudad de México, entrando por la zona de Texcoco, el TICAS (Radar Indicador de Colisión en el Aire), empezó a marcar la inminente presencia de frente de otro objeto, mismo que se acercaba hacia el Boeing 727, el cual se encontraba a 9,000 pies (2,700 metros).

El capitán, tratando de evitar la colisión, realizó la maniobra de elevación, autorizada por Centro México; a su vez solicitó información a la torre de control, la que respondió que no se encontraba ningún avión en dirección al 727. Al estar a 2,000 pies (600 metros), el indicador TICAS seguía sonando, pero ningún objeto era visible, por lo que el capitán Sarabia decidió apagarlo, pensando que estaba averiado.

Inició la operación de aterrizaje, el cual se realizó sin incidentes. Según el piloto, aquel objeto captado por el TICAS, acompañó al 727 hasta su descenso.

Aunque al aterrizar en la bitácora del avión se reportó "fallas en el Ticas". Al parecer lo sucedido fue que el radar detectó la presencia de un OVNI, el cual escoltó al 727 hasta su aterrizaje en el Aeropuerto.

La observación y videograbación de estos objetos en la zona del Vaso de Texcoco se ha venido incrementando desde hace unos años.

1 DE JULIO DE 1997
LUZ PLATINADA

En otro reporte conocido por el AICM., el vuelo 190 de Mexicana se cruzó sobre la zona de San Mateo, al Norte de la Ciudad de México, con un gran objeto, el cual irradiaba una luz "platinada".

El capitán del avión solicitó informes a la torre de control sobre el tráfico en la zona, informándosele que no había ningún avión. El avistamiento se realizó un día después de la gran emanación de cenizas del Volcán Popocatépetl.

2 DE JULIO DE 1997
OVNI AL NORTE DE LA CIUDAD

Durante el vuelo de acercamiento de un avión Boeing-727-200 de Mexicana de Aviación, Matrícula XA-MDM (EXTRA-ALFA-METRO-DELTA-METRO), y al sobrevolar la zona norte de la Ciudad de México, fue observada una gran luz de color blanco, la cual se encontraba cerca de la aerovía. Así lo informó una persona que labora en dicha empresa y que tuvo conocimiento del encuentro en el aire del OVNI con el avión. Según el informe, la tripulación estaba integrada por el capitán De Dios, el primer oficial Armenta, y el segundo oficial Marcos. El vuelo era el 190 y la hora del encuentro, las 20:23 hrs.

16 DE JULIO DE 1997
OBJETO GIGANTE CERCA DE UN LEARJET 35

El capitán piloto aviador E.B. afirmó que durante el vuelo de un avión Learjet 35, del Instituto Nacional de Estadística, Geografía e Informática (INEGI), de fotografía, cerca de la ciudad norteña de Monterrey, Nuevo León, recibió una llamada de Centro Monterrey, en la cual se le informaba que detectaban un eco al Norte de la ciudad y le solicitaron que realizaran una inspección visual del mismo.

Según el capitán E.B., un amigo de él era quien piloteaba el Learjet y reportó el avistamiento de un objeto de proporciones gigantes, el cual estaba estacionado a la misma altura de su nave (12,000 metros), y que tanto el copiloto como el capitán pudieron observarlo. Era un gran objeto de apariencia metálica y en plática con el capitán E.B., afirmó: "Aquel objeto era gigante a comparación del Learjet 35".

El reporte se dio a Centro Monterrey. El avión regresó a la Sultana del Norte y el objeto gigante posteriormente desapareció de la pantalla del radar.

19 DE AGOSTO DE 1997
AVIONES MILITARES MEXICANOS,
¿BUSCARON OVNI ESTRELLADO EN CHIAPAS?

En nota firmada por la periodista Gabriela Coutiño, del periódico *El Financiero*, en su edición del 20 de agosto de 1997, informó sobre el avistamiento de Objetos Voladores No Identificados (OVNIs), que fueron observados en diferentes puntos de la geografía chiapaneca, hacia la madrugada, y a su vez informaba sobre los "estruendos" que se escucharon sumados a una gran explosión también escuchada en Tuxtla Gutiérrez.

En dicho periódico también se informaba que personal militar perteneciente a la VII Región Militar del Ejército Mexicano, habían realizado vuelos de reconocimiento tratando de encontrar la causa del estallido (el periódico daba a entender que los militares buscaban en tierra el objeto que habría producido el estallido al caer a tierra).

No se informó el tipo de aeronaves que participaron en la búsqueda. Los OVNIs fueron avistados en poblaciones como Ocozocuautla, Jiquipilas, Cintalapa, Yajalón, Tila, Sabanilla, Palenque y Bochil. Asimismo, el Sr. José Emilio De Acosto informó que en su guardia en la Cruz Roja en Cintalapa, logró observar un objeto de forma redonda que despedía fuego y que cruzó el cielo a gran velocidad, desapareciendo atrás de los cerros que separan Cintalapa de Jiquipilas.

La nota terminaba diciendo que según informes de la VII Región Militar en Chiapas, el objeto cayó en la zona del Cañón del Sumidero; y en otros informes se afirmaba que el objeto habría caído al mar, cerca de Tonalá, intuyéndose que posiblemente podría haberse tratado de un "aerolito".

Entre las autoridades y dependencias que tuvieron conocimiento del caso, estaban: el Ejército Mexicano, Protección Civil del Gobierno del Estado, la Cruz Roja Mexicana, y la Fuerza Aérea Mexicana. Este es uno de los casos más importantes sobre el posible choque y caída de un OVNI en la Sierra de Chiapas, hacia finales de la década de 1990.

SEPTIEMBRE DE 1997
OVNI SOBRE LA BASE AÉREA
DE MANTENIMIENTO

El Sr. Mauricio Muñoz afirmó que a mediados del mes de septiembre de 1997, cuando laboraba como mecánico, hacia las 02:00 de la madrugada, se encontraba trabajando en el ala de un avión Boeing 727-200 de Mexicana.

Al estar removiendo alguna parte del ala, observó que hacia la parte superior del hangar principal, estaba suspendido un objeto de color blanco, que estaba estacionado aproximadamente a unos 100 metros sobre el hangar. El Sr. Muñoz creyó en un principio que se trataba de un globo como los que utilizan en las tiendas de muebles para promocionar el negocio, pero se preguntó qué haría un globo de ese tipo sobre la base de mantenimiento, a esa hora. Cuando de pronto se percató de que ese objeto se empezó a desplazar hacia la dirección norte del Aeropuerto, hasta perderse atrás del hangar.

Tuvo que esperar algunos años para dar a conocer este avistamiento, ya que el Sr. Muñoz no creía en los OVNIs y temía ser sancionado por lo que observó. Según sus afirmaciones, aquel objeto era de apariencia no metálica y opaca "...no era globo, era algo desconocido que se desplazó hacia el norte del aeropuerto"

2 DE OCTUBRE DE 1997
TRIPULACIÓN OBSERVA OVNI
SOBRE LA CIUDAD DE PACHUCA

Avión: Boeing 727-200, Matrícula: XA-MXD "Durango", Vuelo: 190, Ruta: Guadalajara-México, Tripulación: Capitán De Dios, 1er. Oficial Armenta, Hora: 20:23 P.M.

Se reportó que al volar sobre la zona de Pachuca, la tripulación solicitó información sobre tráfico en la zona, ya que observaban un objeto con una luz blanca muy brillante y que estaba estacionado sobre el área. Centro México sí captó el objeto, pero reportó negativa la detección del mismo. Algunos otros aviones pidieron informes sobre el mismo objeto.

12 DE OCTUBRE DE 1997
LUCES BRILLANTES

El capitán de un avión de Aeroméxico reportó a Centro México que al volar sobre la zona de Apan, Hidalgo, observaron unas luces raras, las cuales no correspondían a las de un avión.

Según el controlador aéreo los objetos fueron vistos efectivamente por la tripulación del avión mexicano.

Asimismo, el Sr. Carlos Berth informó que observó sobre la zona Poniente de la Ciudad, un objeto volador en forma de puro, de apariencia metálica, mismo que volaba a baja velocidad y que era seguido por un jet ejecutivo. La observación se realizó a media tarde.

24 DE OCTUBRE DE 1997
LUZ ROJA SOBRE SAN LUIS POTOSÍ

Durante un vuelo nocturno de la ciudad de San Antonio, Texas, se logró videograbar un OVNI sobre la zona de Tamuín, San Luis Potosí, alrededor de las 10 de la noche.

El objeto desconocido era una esfera luminosa de color rojizo, que acompañó a una distancia moderada al avión de pasajeros; el OVNI se encontraba a unos 10 kilómetros a la derecha del avión, en el video se pueden observar las luces de varias poblaciones en la parte baja de la misma.

15 DE NOVIEMBRE DE 1997
TRES OVNIS Y UN ATR-42

Salvador Guerrero es un mexicano que ha logrado excelentes videos del sobrevuelo de OVNIs sobre la Ciudad de México. El sábado 15 de noviembre logró videograbar OVNIs en dos ocasiones.

El primero fue alrededor de las 6:00 de la tarde. En él se aprecian dos OVNIs como puntos blancos, uno más grande que el otro; en un momento del video se puede observar cómo un avión tipo ATR-42 de la empresa aérea Aeromar, cruza por la parte inferior de uno de los OVNIs.

Cabe mencionar que este tipo de avión turbohélice ya ha sido videograbado en varias ocasiones cerca de OVNIs estacionados sobre la Ciudad de México, y para que se den idea, el mencionado avión turbohélice ATR-42 es el hermano menor del avión supersónico Concord.

2 DE DICIEMBRE DE 1997
AVIÓN + DESPEGUE + OVNI

El siguiente caso nos fue relatado por el supervisor Miguel Angel López, de un suceso a su esposa, sobrecargo de Mexicana, durante el despegue de un avión Boeing 727-200, que cubría la ruta Oaxaca-México, D.F.

Es importante mencionar que los dos son unos profesionales de la aviación y personas serias.

Un boom de encuentros OVNI

Algunas sobrecargos fueron llamadas por el capitán para que observaran un objeto volador no identificado (OVNI), el cual se desplazaba a un lado del avión sobre la pista, siguiendo su misma trayectoria. El avión despegó y fue seguido por un par de minutos para posteriormente alejarse a gran velocidad en otra dirección.

3 DE DICIEMBRE DE 1997
PURO VOLADOR SALE DEL POPOCATÉPETL

Este reporte fue recibido por Centro México desde la cabina de un avión del tipo McDonnell Douglas DC-9, de la empresa Aerocaribe, el cual realizaba un vuelo desde el Sureste mexicano.

Según la información, cuando el avión volaba sobre la zona de los volcanes, la tripulación logró observar a una altura de 12,000 metros, cómo emergía del cráter del Popocatépetl un objeto en forma de puro, el cual empezaba a tomar altura. La tripulación informó del avistamiento a Centro México, pidiendo información.

La respuesta fue negativa por parte del control aéreo. Según la tripulación, el objeto se alejó a gran velocidad hasta perderse de vista; el avión DC-9 continuó su vuelo hacia la Ciudad de México.

Extraoficialmente se sabe que en esta zona las observaciones de OVNIs son frecuentes, aumentando cuando el volcán Popocatépetl lanza grandes fumarolas.

7 DE DICIEMBRE DE 1997
OVNI DE COLOR NEGRO

Un objeto volador no identificado de forma esférica, color negro, fue avistado a una altura aproximada de 3,000 metros, desplazándose de sur a norte de la Ciudad. Según los testigos, el OVNI salió de una nube y se desplazaba a una velocidad moderada; el cielo se encontraba con algunas nubes. Según los testigos un avión Boeing 727-200 de Mexicana de Aviación despegaba del Aeropuerto Internacional de la Ciudad de México, pasando el OVNI muy cerca de éste.

DICIEMBRE DE 1997
PUERTO RICO, PILOTOS,
HERMOSAS MUJERES Y UN OVNI

Esta historia, aunque parezca de ciencia-ficción, nos fue relatada por un miembro de Centro México, que estuvo relacionado con los pilotos que la vivieron.

En el mes de diciembre de 1997, la tripulación de un avión de Mexicana de Aviación, se preparaba para cubrir la ruta entre la Ciudad de México y Puerto Rico. El vuelo se realizó sin incidentes, aterrizando en la bella isla.

La tripulación recibió autorización para descansar el fin de semana en Puerto Rico; por la noche salieron a un lugar a escuchar música y tomar algunos tragos. Ya instalados en ese lugar, los pilotos conocieron a tres chicas que se portaban amables; los pilotos, como buenos mexicanos, no desperdiciaron la ocasión y las invitaron a bailar y a divertirse. Ya entrada la madrugada, las invitaron a un sitio más privado, lo que ellas no aceptaron, tomando una actitud muy seria y amenazadora para con los pilotos. Esta situación los atemorizó por la actitud agresiva de las tres mujeres, pensando que estaban "mal de la cabeza", ya que afirmaban que no eran de este planeta y que los visitarían en su lugar de trabajo, y que sabían que eran pilotos de aviación.

Las tres chicas se retiraron de la discoteca, dejando a los pilotos preguntándose a qué se debería su actitud. Al día siguiente, los pilotos se dirigieron al Aeropuerto Internacional de Puerto Rico, para realizar el vuelo de regreso a la Ciudad de México. Solicitaron permiso de despegue a la torre de control, la cual los autorizó. El avión iba lleno, tanques de combustible llenos y a los pocos minutos reportaron a la torre que tenían que regresar a San Juan, pidiendo instrucciones para la reaproximación. Es preciso mencionar que con los tanques de combustible llenos y peso máximo al despegue, es muy peligroso un aterrizaje forzoso; la aeronave aterrizó sin contratiempo, para despegar posteriormente con otra tripulación.

Lo curioso de este caso es que, personas que llegaron a conocer a los pilotos de cerca, les contaron que a los pocos minutos de despegar del Aeropuerto de San Juan, el avión (al parecer un Boeing 727-200), fue escoltado y revisado en maniobras muy cercanas por un objeto volador no identificado (OVNI). La tripulación no lo reportó al Aeropuerto de San Juan. Posteriormente recordaron el incidente con las chicas de la disco... los pilotos enfermaron del estómago por la impresión recibida.

VIERNES 26 DE DICIEMBRE DE 1997
OVNI A 5 MILLAS DE UN 727

El vuelo nocturno de Aerolíneas Internacionales, que cubría la ruta Acapulco-México, D.F., reportó, al despegar del puerto, que al realizar la operación de ascenso sobre la zona de la bahía, observó a 5 millas de distancia, hacia la izquierda del avión (un Boeing 727-100), un objeto volador no identificado, el cual, según el capitán, lo acompañó hasta la Ciudad de México. Así fue comunicado al controlador aéreo, que mantuvo contacto radial con la tripulación; la hora del avistamiento fue 8:30 P.M. y según la información, el OVNI los acompañó hasta la cabecera de la pista. El vuelo fue seguido por la pantalla de Centro México. El radar detectó tanto al avión como al OVNI.

30 DE DICIEMBRE
ENJAMBRE DE OVNIS SOBRE EL AJUSCO

Durante los últimos días del año fueron detectados un gran número de OVNIs sobre la Ciudad de México; algunos estacionados a gran altura, otros en movimiento, en especial en la zona del Hotel de México (hoy World Trade Center). Los reportes fueron tanto de día como de noche, por tripulaciones de TAESA, Mexicana, Aeroméxico, Aeromar.

El 30 de diciembre fueron observados con binoculares desde la torre de control y en las pantallas de radar 15 OVNIs, los cuales se encontraban sobre la zona del Cerro del Ajusco, confirmándose la observación con el Aeropuerto de Toluca; los OVNIs se encontraban estacionados y estuvieron en la zona por alrededor de 30 minutos, para luego alejarse a gran velocidad.

Por su parte, la noche siguiente, tripulaciones de aviones de la líneas Aeroméxico, Continental, United y Mexicana, observaron (el primero en la operación de despegue y los tres últimos en tierra), a tres OVNIs que cruzaron velozmente la ciudad de Norte a Sur. Todas las tripulaciones exclamaban emocionadas frases como "¿Qué fue eso?", "¿Los viste?", y fueron escuchadas tanto en torre de control como en Centro México.

31 DE DICIEMBRE DE 1997
PÁJARO ENORME FRENTE A UN 727 DE AMERICAN

El señor Enrique Kolbeck, controlador aéreo, relató un incidente que le sucedió estando en servicio en la torre de control del Aeropuerto de Guadalajara: recibió comunicación de un avión Boeing 727-200, de la aerolínea American Airlines, en la cual el piloto del avión norteamericano le dijo por radio las siguientes palabras textuales: "Aunque me crea o no me crea, en este momento me acabo de cruzar con un pájaro enorme".

18 DE ENERO DE 1998
ESFERA SE ELEVA A 50,000 PIES EN UNOS SEGUNDOS

Las operaciones aéreas que se realizan en México, han creado una intensa vigilancia en los cielos mexicanos; durante vuelos de reconocimiento, aviones varios se han encontrado con objetos voladores no identificados (OVNIs), los cuales los acompañan y en ocasiones hasta han realizado maniobras tan increíbles, como elevarse de 7,000 a 50,000 pies en cuestión de un par de segundos y han podido detectarse dichas maniobras por los sofisticados aparatos de detección con que cuentan este tipo de aeronaves, como le sucedió a un avión Cessna 500, cuando sus tripulantes pudieron observar un objeto en forma de esfera, que los escoltaba a su lado izquierdo, elevándose de 7,000 a 50,000 pies en cuestión de segundos. Los pilotos, al regresar a su base, comentaron entre ellos lo sucedido.

3 DE MARZO DE 1998
OVNI SOBRE LA CIUDAD

Sobre el Eje 3 Oriente, a la altura del Metro Iztacalco, se observó un objeto de apariencia similar a la Estrella

Venus, a las 6:22 de la mañana. Con un poco de menos brillo, el objeto se desplazaba a una velocidad moderada, llevando dirección Sur-Norte.

En ese momento aterrizaba un avión MD-88 de Aeroméxico y poco a poco perdió su brillo, hasta desaparecer.

3 DE MARZO DE 1998
OVNI DE COLOR NEGRO
EN EL AEROPUERTO

A las 11:50 de la mañana, se observó hacia la zona Norte del aeropuerto (colonia Cuchilla del Tesoro), sobre la zona arbolada y con casas, un objeto de color negro, que permaneció visible por espacio de 5 minutos; tenía movimientos parecidos al de la caída de una hoja.

En los momentos en que aterrizaron un avión MD-88 de Aeroméxico, un Fokker-100 de Mexicana, un ATR-42 de Aeromar y un DC-9 de Aeroméxico, el objeto empezó a descender sobre los árboles y desapareció.

21 DE MARZO DE 1998
OVNI LUMINOSO SOBRE QUERÉTARO

Un avión Sabre Lainer, Matrícula XC-BOS (EXTRA-COCA-BRAVO-OSCAR-SIERRA), reportó el avistamiento a 3 millas a la izquierda del avión, en la frecuencia 128.0811 ZULU, de una luz muy intensa.

Dicho evento fue alrededor de las 2:00 A.M., sobre la zona de Querétaro.

24 DE MARZO DE 1998
TRES AVIONES, DOS OVNIS

A las 4:00 de la tarde se observó, desde la plataforma de la base de mantenimiento de Mexicana de Aviación, durante la instalación de un Cauling (cubierta de motor derecho) de un avión Boeing 727-200, matrícula XA-MXA (Extra-Alfa-Metro-Extra-Alfa), un objeto de forma esférica de color blanco, el cual se dirigía de la zona del Vaso de Texcoco hacia la del Cerro de la Estrella.

El objeto se desplazaba a unos 13,000 metros y se perdió hacia los 10 segundos. Se observó que lo que pasó posteriormente del OVNI, fue un avión Pilatus PC-7 de la Fuerza Aérea Mexicana, el cual se desplazaba hacia el lado contrario de la dirección del OVNI; también se observó el cruce de dos aviones Boeing 727-200 sobre la zona; 15 minutos después cruzó otro objeto de apariencia metálica, presentando movimiento ondulatorio y la misma trayectoria que el objeto anterior, sólo que éste se desplazaba a mayor altura. Los testigos: José Luis Pérez Altamirano, Miguel Angel López, Efrén S. Rosas y Alfonso Salazar. Asimismo, **otro** técnico reportó el mismo día la observación de dos "supuestos" aviones, que se desplazaban sobre el horizonte a las 3:55 de la tarde.

28 DE ABRIL DE 1998
OVNI EN JUEVES SANTO

Se observó un Objeto Volador con luces blancas, amarillas y rojas sobre la Colonia San Rafael, afirmando los testigos que observaron algunos aviones de pasajeros dando vueltas a la ciudad, como esperando autorización para aterrizar. El avistamiento fue nocturno y duró varios minutos, hasta que el OVNI se alejó a gran velocidad.

15 DE MAYO DE 1998
LUZ AMARILLA BAJO UN FOKKER 100

Durante un vuelo nocturno realizado desde el puerto de Acapulco hacia la Ciudad de México, cuando el avión realizaba el vuelo de espera para aterrizar utilizando la zona del Vaso de Texcoco, un pasajero de nombre Bernardo S. Mendoza, logró observar desde su asiento, situado en el lado derecho del avión, y cuando sobrevolaban dicha zona, una luz de color amarillo, que viajaba de norte a sur, sobre el citado lago. La luz se desplazaba a velocidad moderada y se perdió sobre las luces de la Ciudad de México. El testigo afirmó que la luz era muy brillante y que no pudo ser otro avión.

A su vez dijo que aquella luz volaba a unos 3,000 metros abajo del avión Fokker 100 de Mexicana de Aviación, Matrícula XA-TCH (EXTRA-ALFA-TANGO-COCA-HOTEL), de nombre "Monclova".

JUNIO DE 1998
UN DECANO DE LA LOCUCIÓN DE RADIO
OBSERVA UN OVNI SOBRE EL POPOCATÉPETL

Un locutor de radio que no autorizó el que se hiciera público su nombre, afirmó que durante un vuelo en helicóptero que realizaron sobre el volcán Popocatépetl, en junio de 1998, pudieron observar un OVNI sobre la zona. El citado locutor junto con los pilotos y miembros de su equipo pudieron observarlo; lo anterior fue relatado en plática en la que se encontraba un piloto de ala fija (avión) y en la cual se tocaba el tema OVNI.

19 DE JUNIO DE 1998
JUMBO Y OVNI OBSERVADOS
POR UN MECÁNICO EN AVIACIÓN

El Sr. José González afirmó que, hacia las 9:00 P.M., mientras observaba un avión Boeing 747 Jumbo Jet, que cruzaba sobre la Ciudad de México de Poniente a Nororiente, vio un objeto en forma de estrella, el cual se desplazaba a gran velocidad, a una altura superior a la del avión. Según el informe que dio el Sr. González, el avión volaba a unos 12,000 metros de altura y realizaba un vuelo internacional.

20 DE JUNIO DE 1998
OVNI EN FORMA DE ESTRELLA

El mismo testigo observó hacia las 9:00 P.M., otro objeto también en forma de estrella, y al igual que el de la noche anterior, se desplazaba a gran velocidad. Esta vez el objeto tenía un rumbo de Norte a Poniente y tenía como marco a otro Boeing 747 Jumbo Jet.

El Sr. José González es técnico mecánico de aviación desde hace más de diez años y ha trabajado en empresas aéreas de los Estados Unidos, hecho que avala el conocimiento que tiene respecto a aeronaves.

28 DE JUNIO DE 1998
UNA "RAYA" NEGRA FRENTE A UN BOEING 727-200

El 28 de junio de 1998, un avión Boeing 727-200 de Mexicana de Aviación, realizó un vuelo de prueba, despegando del aeropuerto de la Ciudad de México. El avión tenía que volar hasta el Puerto de Acapulco y adentrarse hacia mar abierto unas 18 millas, mantener una altura crucero de 12,000 metros y realizar las pruebas requeridas por el Manual de Operaciones, a efectuarse después de un servicio "C" de mantenimiento. Se realizaron alabeos, cabeceos, pruebas de toques y despegues, aterrizaron en Acapulco, se revisó la aeronave y posteriormente despegó hacia la Ciudad de México.

Casi al llegar al aeropuerto, sobre la zona del Estadio Azteca, los técnicos Melesio Trejo (supervisor) y Mario Beltrán (técnico aeronáutico), lograron observar frente al avión un objeto de forma de "raya" de color negro, el cual cruzó de arriba hacia abajo a gran velocidad; según los testigos, el avistamiento duró un segundo y también fue visto por los pilotos. Nadie habló del incidente y quedó como otro caso de un OVNI frente a un avión.

La descripción que hicieron del OVNI: era de color negro y como una vara larga. El supervisor Melesio Trejo afirmó que durante otro vuelo de prueba, pero a bordo de un Boeing 737, sobre la misma zona, pudieron observar también desde cabina una gran sombra negra que se desplazaba hacia dirección Sur.

En aquella ocasión la sombra fue vista por la tripulación, el tiempo era nublado y el tamaño del objeto que cruzó a gran velocidad sobre el 737, debió de ser muy grande. Agregó el Sr. Trejo que en ninguno de los casos se dio o se solicitó informe a Centro México.

22 DE JULIO DE 1998
6 OVNIS + 2 AVIONES

El periódico *La Prensa* dio a conocer la información de que seis objetos voladores no identificados de forma esférica y de color blanco fueron observados sobrevolando el Aeropuerto Internacional de la Ciudad de México. En la información se dice que estos objetos habían salido de un objeto más grande, el cual se encontraba a gran altura. Se afirmó que dos de las esferas se dirigieron hacia el sur de la Ciudad y se encontraron muy cerca de dos aviones de línea de México, uno de ellos un ATR-42 de Aeromar y el otro un Boeing 727-200. Otros dos objetos se dirigieron rumbo al sur, dos más hacia el oriente y el último en dirección hacia el Cerro del Chiquihuite; los OVNIs fueron observados por aproximadamente 30 técnicos de la base de mantenimiento de Mexicana de Aviación.

25 DE JULIO DE 1998
AVISTARON AYER A SEIS OVNIS EN EL AEROPUERTO
(La Prensa, 25 de julio de 1998, por Pablo Chávez)

Seis OVNIs fueron observados a las 16:30 horas sobrevolando el Aeropuerto de la Ciudad de México. Alfonso Salazar, técnico-mecánico de Mexicana de Aviación, asegura que de una gran nave salieron otras cinco.

Eran esferas blancas, muy brillantes, en principio se mantuvieron estáticas y luego dos se movieron hacia el Sur, pasaron junto a dos aviones: un Boeing 727 y un ATR-42 y los radares debieron haberlos captado, pues en principio se movieron con lentitud y después con gran velocidad.

Dos de esos objetos voladores no identificados se fueron rumbo al Sur, dos rumbo al Oriente y el último en dirección recta al Cerro del Chiquihuite, que está en San Juanico, por la salida a la Carretera a Pachuca. La nave mayor se elevó hasta perderse.

Alfonso Salazar dijo que además de él, los OVNIs fueron observados por lo menos por otras treinta personas que se encontraban trabajando en los patios del hangar de Mexicana de Aviación, ubicado en

Avenida 602 o Vía Tapo. Por último, dijo que ese tipo de fenómenos se aprecian con frecuencia en esta zona, sin que hasta el momento nadie diga nada ni se investigue, y reiteró que los radares debieron haberlos registrado porque sobrevolaban a distancias parecidas a las de los aviones.

17 DE AGOSTO DE 1998
TRES ESFERAS BAJO EL AGUA, EN ACAPULCO

Durante el vuelo de prueba del avión Boeing 727-200, matrícula XA-TGP (EXTRA-ALFA-TANGO-GOLFO-PAPA), "Toluca", siendo las 3:40 P.M., volando sobre el mar, frente a la zona "Diamante" del puerto de Acapulco, a unos 10 kilómetros frente al Hotel Princess.

Cuando el avión realizaba un giro hacia la izquierda, algunos tripulantes que vigilaban las superficies primarias de las alas, ya que el avión realizaba un vuelo de prueba después de un servicio de mantenimiento, observaron hacia el lado izquierdo del avión, y teniendo a la vista el mar, tres esferas de apariencia metálica que se encontraban sumergidas, brillaban por la luz del sol.

Dos eran del mismo tamaño, cerca una de la otra y la tercera, más pequeña y separada de las primeras. Se apreciaban perfectamente, ya que el fondo era azul. Dos de los técnicos que viajaban en el avión, prefirieron no dar sus nombres para evitar cualquier tipo de problemas laborales.

30 DE SEPTIEMBRE DE 1998
OBJETO VOLADOR DORADO

El Sr. Arturo Narváez, reportó que entre las 3:10 y las 3:20 de la tarde, junto con otras personas que se encontraban observando las operaciones de despegue y aterrizaje de los aviones, vio cómo del cielo descendió un objeto en forma oval de color dorado; bajó entre las dos pistas en el pasto, frente a la posición 13 aproximadamente.

Posteriormente el objeto se elevó, perdiéndose en el cielo. El acontecimiento duró escasos segundos y pudo ser visto además por otras personas que se encontraban en el estacionamiento del Aeropuerto Internacional de la Ciudad de México, el cual se encuentra frente a las salas.

1 DE OCTUBRE DE 1998
JET BIMOTOR EN PARALELO CON UN OVNI

La siguiente información fue dada a conocer por personal aéreo que labora en una línea aérea comercial, quien no quiso dar a conocer su nombre ni el de su empresa, para evitar problemas posteriores.

Con referencia a un encuentro OVNI que tuvo lugar cuando un Boeing 737, durante un vuelo sobre el espacio aéreo mexicano pasó en trayectoria paralela a un Objeto Volador No Identificado de apariencia metálica, el cual fue observado por un número importante de personas.

El personal aéreo citado afirmó que lo que observaron no correspondía con lo que ellos conocen sobre los diferentes tipos de aeronaves y que estaban seguros de que aquello que habían visto era de lo que comúnmente se le denomina Objeto Volador no Identificado.

6 DE OCTUBRE DE 1998
OBJETO VOLADOR QUE CAMBIÓ DE FORMA SE ENCUENTRA CON UN AVIÓN EN VUELO

El Sr. Arturo Campillo afirmó en una declaración que realizó ante el programa *"Una luz en el Universo"*, de Martín Aparicio, en Radio ABC, 760 AM, transmitido el 28 de octubre, que tuvo oportunidad de observar un objeto en el cielo, que se encontraba a la altura de las rutas de aviones.

Según el informe del Sr. Campillo, el objeto tenía "forma de rueda", y que posteriormente se transformó en "forma de flecha", en los momentos en que un avión de pasajeros de línea se acercaba al AICM en las operaciones de aterrizaje.

DOMINGO 11 DE OCTUBRE DE 1998
SUPERVISOR AÉREO OBSERVA AVIÓN Y OVNI

El Sr. Tomás Rocha, reportó haber observado aproximadamente a las 5:00 de la tarde, hacia la zona de los cerros de Chimalhuacán, el paso de 12 luces, en grupos de 3, moviéndose hacia el norte; una de las "luces" se elevó hacia las nubes perdiéndose para regresar a su posición, las luces mantenían un movimiento de subir y bajar, los objetos fueron vistos por otras personas, entre ellos Eduardo Rosete y Martín S.

El avistamiento fue hecho desde la base de mantenimiento de Mexicana de Aviación.

DOMINGO 11 DE OCTUBRE DE 1998
FLOTILLA DE OVNIS SOBRE EL AEROPUERTO

La información se dio a conocer dentro del personal aéreo del aeropuerto (mecánicos, técnicos de plataforma), cuando fueron avistados alrededor de 30 OVNIs, sobrevolando el aeropuerto, inclusive extraoficialmente se reportó por los mismos técnicos, que despegó del mismo aeropuerto un avión bimotor del tipo Aerocomander de la Fuerza Aérea Mexicana, al parecer para investigar el sobrevuelo de los citados OVNIs.

Posteriormente despegó un avión Douglas DC-9, la hora del incidente fue entre las 13:00 y las 13:30 horas, según el personal técnico, los OVNIs se dirigieron hacia la zona del Cerro del Chiquihuite, uno de los objetos realizó una ascensión rápida hacia el cielo y luego se reincorporó a la flota de OVNIs, se informó posteriormente en el periódico *La Prensa* que en otras ocasiones se han observado objetos voladores volando casi al ras de las pistas, luego suben y se pierden a grandes velocidades en el cielo.

12 DE OCTUBRE DE 1998
MD-88 SE ENCUENTRA CON
UN OVNI DE COLOR BLANCO

El siguiente reporte fue dado a conocer por personas que tuvieron oportunidad de observar desde tierra cómo durante las operaciones aéreas de un MD-88 de Aeroméxico, el cual volaba sobre el D.F., se cruzó con un objeto volador de color blanco, que se encontraba a una altura similar al del MD-88, según los testigos el avión pasa al lado izquierdo del objeto, minutos después el objeto desapareció a gran velocidad.

JUEVES 22 DE OCTUBRE DE 1998
LUCES ROJAS Y AMARILLAS HACIA EL AEROPUERTO

El Sr. Tomás Rocha informó que hacia las 9:25 P.M., al estar viendo el último juego de béisbol de las Grandes Ligas, le llamó la atención una peregrinación que llegaba a la Basílica y que iba lanzando juegos pirotécnicos. Observó que una luz roja se acercaba desde el norte de la ciudad y se detenía arriba de la plaza de la Basílica, justo donde tronaban las luces de bengala. Procedió a tomar sus binoculares y observar a la luz; según su descripción, la luz roja, en su parte inferior, era un plato abombado y en su parte superior se observaba nebuloso. El clima era nublado, el objeto se encontraba a la altura de un avión y se cruzó con uno que realizaba las maniobras de acercamiento al aeropuerto. El objeto se empezó a desplazar hacia el sur, y ya para entonces la luz era amarilla. El objeto se perdió hacia la zona del aeropuerto.

22 DE OCTUBRE DE 1998
DOS AVIONES MEXICANOS Y UN NORTEAMERICANO REPORTAN OVNIS A CENTRO MÉXICO

A las 5:30 de la mañana, dos aviones, uno de ellos de la aerolínea norteamericana Jet USA, que sobrevolaba espacio aéreo mexicano, así como el vuelo 147 de Mexicana de Aviación, con destinos: el primero a Laredo, Texas y el segundo a la Ciudad de Chicago, reportaron a Centro México la observación de un "tráfico", el cual los iba siguiendo sobre la población de Tamuín, San Luis Potosí, a 60 millas de esta población. Según el reporte de las dos tripulaciones, el OVNI tenía una gran luminosidad de color blanco muy brillante que acompañó a los dos aviones en todo su trayecto.

MARTES 27 DE OCTUBRE DE 1998
OVNI SOBRE GUANAJUATO

Un avión de Aeroméxico reportó un tráfico sobre la zona de Guanajuato, según reporte del controlador aéreo Enrique Kolbeck. Hacia las 8:30 P.M., la línea aérea reportó la observación de una luz, que no correspondía a la de ninguna nave, por lo que solicitó información a Centro México, quien respondió negativamente sobre la presencia de avión alguno.

JUEVES 26 DE NOVIEMBRE DE 1998
OVNI EN TRAYECTORIA DE UN AVIÓN

El Sr. Mauricio Ordaz y el Sr. Liut afirmaron haber observado hacia las 11:30 A.M., durante el despegue de un avión que no lograron identificar, un objeto que se encontraba en la trayectoria del mismo; al realizar la operación de despegue y ganar altura, se dirigía al objeto, el cual, según los testigos, se desplazó hacia la izquierda de la trayectoria del avión. El objeto tenía forma de plato y el color era grisáceo. En esta forma siguió hasta que se perdió de vista.

NOVIEMBRE DE 1998
ESFERA DE PLATINO REPORTADA POR UN CESSNA

Un avión Cessna 500, matrícula N551DS, que sobrevolaba el Golfo de México con destino a la Ciudad de Brownsville, Texas, al sobrevolar por Tamaulipas y Nautla, observó, primero a diez millas y luego hasta un acercamiento de tres millas, un disco, una esfera de platino. Esta observación se registró hacia las 18:00 hrs., reportándose a Centro México en la frecuencia 118. (*La Prensa*, domingo 10 de enero de 1999).

DICIEMBRE DE 1998
OVNI EN FORMA DE ESPONJA

En este mes el Sr. Salvador Guerrero, videograbó un objeto volador no identificado en forma de esponja hacia la zona de Ciudad Nezahualcóyotl, durante el aterrizaje de varios aviones.

21 DE DICIEMBRE DE 1998
OVNI POSADO SOBRE EL CERRO DEL AJUSCO

El piloto aviador Alfredo Cepeda informó que al sobrevolar el cerro del Ajusco logró observar lo que se nombró como un OVNI posado sobre el citado cerro, esta información fue dada a conocer en la barra informativa de Radio ABC del 760 de A.M.

29 DE DICIEMBRE DE 1998
OVNIS SOBRE LA CD. DE MÉXICO

Varios Objetos Voladores No Identificados fueron reportados por diferentes compañías aéreas en los momentos en que sus aviones salían y entraban a la Ciudad de México; el caso que más llamó la atención fue el avistamiento de "una luz muy grande", reportada por la aerolínea alemana Lufthansa a las 23:28 hrs., en su vuelo 498, cuando sobrevolaba la ciudad de Pachuca, Hidalgo.

El avión, un Boeing 747-400, reportó a Centro México la presencia de esta "luz muy grande". Es la primera vez que se tiene noticia que una tripulación de esa línea comercial informe de este tipo de sucesos sobre el espacio aéreo mexicano.

Por otra parte, un avión de Mexicana de Aviación, vuelo 696, reportó las 19:35 hrs., igualmente, la presencia de una "luz muy grande", en los momentos en que realizaba su aproximación a la Ciudad de México.

Otro interesante reporte recabado durante este mes de diciembre, es el acontecido a un Boeing 737 de la compañía aérea nacional Magnicharters, ocurriendo en los momentos en que sobrevolaba el World Trade Center de la Ciudad de México, informando de una observación visual que consistía en un objeto con apariencia de un "balón" y de estructura metálica. (*La Prensa*, domingo 10 de enero de 1999).

DOMINGO 3 DE ENERO DE 1999
767 Y ESFERA METÁLICA

Hacia las 4:30 P.M., un avión Boeing 767-200, que realizaba un vuelo recto y nivelado a una altura aproximada de 12,000 metros, era seguido de vista con unos binoculares marca Die Star, de 20x50. El tiempo era soleado y el cielo azul. Al seguir el vuelo del avión, un objeto en forma de esfera y con apariencia metálica, con partes negras, cruzó por debajo de la nave. La esfera empezó a desplazarse hacia la izquierda y después adquirió gran velocidad. Cabe mencionar que la esfera estaba inerte y no era detectable a simple vista. El avión viajaba de sur a norte y al parecer era un Boeing 767-200 de Transportes Aéreos Centro Americanos (TACA), de El Salvador, en vuelo de San Salvador a Los Angeles.

SÁBADO 16 DE ENERO DE 1999
OVNI REPORTADO POR FOTÓGRAFO DE AVIACIÓN

Se reportó el avistamiento de una luz, como "estrella", la cual viajaba a gran velocidad y altura, según testigos. El hecho ocurrió hacia las 7:00 P.M., y más abajo del objeto volaba un avión Boeing 767 de la línea aérea chilena LAN (Líneas Aéreas Nacionales). La observación fue desde el puente peatonal que se encuentra sobre el Boulevard Puerto Aéreo. (Información dada por el Sr. Adolfo de la Vega, fotógrafo).

22 DE ENERO DE 1999
SE OBSERVARON 22 OBJETOS SOBRE LA ZONA DEL AEROPUERTO

En la cuarta visita del Papa Juan Pablo II, se recabaron versiones de diversos testigos donde afirmaron, que alrededor de 22 objetos en forma esférica, surcaron el cielo de la Ciudad de México a las 15:45 hrs., los 22 objetos volaban en posición de "V" e iban en dirección contraria al viento.

En un principio esos objetos fueron confundidos con globos metálicos y cruzaron cerca 3 aviones Boeing 727, un DC-9, un ATR-42 y un CESSNA Citation. Los OVNIs fueron observados desde una de las plataformas del Aeropuerto Internacional de la Ciudad de México. Una hora posterior a este evento, se observó una esfera gigante, que de ésta salieron 5 pequeños objetos esféricos y que pasaron debajo de la luna.

Estas naves se sumaron a otras 50 que fueron vistas por taxistas y vecinos del aeropuerto capitalino. Algunas versiones sostuvieron que estos objetos permanecieron de manera estática en el cielo y luego se desplazaron de sur a norte. (*La Prensa*, 23 de enero de 1999).

LUNES 25 DE ENERO DE 1999
OVNIS ESFÉRICOS EN LA DESPEDIDA DEL PAPA

Durante la transmisión por televisión de la despedida de Su Santidad Juan Pablo II, Televisión Azteca, siguiendo al Boeing 757 de Mexicana de Aviación, logró la toma de varios objetos voladores en forma de esfera.

30 DE ENERO DE 1999
TRIPULACIÓN DE UN DC-9
OBSERVA TRÁFICO DESCONOCIDO

La tripulación de un avión del tipo Mc Donell Douglas DC-9 de una empresa aérea de México, la cual no se específico en el informe, reportó la observación de un trafico desconocido cuando dicha aeronave volaba sobre el espacio aéreo mexicano; en el informe no se dio a conocer sobre en que zona de la República Mexicana aconteció el avistamiento.

19 DE FEBRERO DE 1999
LUZ ROJA DESCONOCIDA

Juan Carlos Torres, de Ciudad Nezahualcóyotl, afirma: Ayer, como a las 11:20 P.M., vi una luz roja sobre el Aeropuerto. Duró como cinco minutos y desapareció cuando pasaban los aviones.

FEBRERO DE 1999
OVNI A 20,000 METROS DE ALTURA

En el mes de febrero, varias personas reportaron la observación de dos OVNIs, uno de los cuales se visualizó en las cercanías del Cerro del Peñón de los Baños, muy cerca del Aeropuerto Internacional de la Ciudad de México, el otro fue observado en las inmediaciones del Cerro de la Estrella, en la Delegación Iztapalapa.

El primer caso fue reportado por los señores Oscar Escalona y Alberto Luna, ambos informaron del avistamiento de un objeto con características metálicas, cerca del cerro del Peñón de los Baños, alrededor de las 11:00 de la mañana, aparentemente a una altura de 20,000 metros. Cuando se detectó el OVNI, éste estaba a una menor altura, quizás a unos 8,000 metros, desplazándose hacia arriba y hacia el oriente de la ciudad.

La observación duró aproximadamente unos 15 minutos, el cielo tenía en esos instantes una muy buena visibilidad. Con una trayectoria hacia Texcoco, el OVNI se perdió de vista.

En el otro caso, el OVNI reportado por el señor Jaime Genis, mecánico de aviación de una compañía aérea nacional, detectó al objeto arriba del cerro de la

Estrella, cuando paseaba con su perro. (*La Prensa*, del 21 de febrero de 1999).

12 DE MARZO DE 1999
DC-9 Y OVNI

El Sr. Amado Márquez logró videograbar un objeto de color negro que se encontraba en la zona norte de Cuernavaca. En dicho video aparece un avión DC-9 de Aeroméxico, que se encuentra con el OVNI, el cual descendió para permitir el paso de la aeronave. El video fue tomado hacia las 6:00 P.M.

19 DE MARZO
OCHO OVNIS SIGUEN A UN MD-11 ALEMÁN

El Sr. Pedro Ávila reportó que entre las 6:30 y las 6:40 P.M., pudo observar 8 objetos negros que se encontraban estacionados sobre la zona de Viveros de la Loma, en Tlalnepantla, Estado de México, cuando al paso de un avión de Mexicana, otro de Aeroméxico, un Airbus A320 de United y un MD-11 carguero de la línea alemana Lufthansa, los ocho objetos se alinearon en la parte baja (alas y panza) de este último, acompañándolo en su vuelo de aproximación al Aeropuerto Internacional de la Ciudad de México. Según el Sr. Enrique Kolbeck, controlador aéreo, el radar de Centro México detectó ecos primarios en la zona del cerro del Ajusco y de Pastejé, Estado de México.

MARTES 23 DE MARZO
OBJETO DE 2 KILÓMETROS DE LARGO

Entre las 6:15 y las 6:30 de la tarde se observó un objeto volador en forma alargada envuelto en una nube. Un avión pasó cerca del OVNI y el hecho fue reportado por Antonio Faifer, desde la zona de La Raza. Tenía forma de edificio acostado de unos 2 kilómetros de largo.

En esta misma fecha, al filo de las 15:30 hrs., 20 técnicos de una empresa, en el Aeropuerto Internacional de la Ciudad de México, observaron a un OVNI, el cual estuvo cerca de 20 minutos suspendido en el cielo. Relatan los técnicos que "esperábamos un avión Boeing 727-200 que regresaba de Acapulco, cuando en el cielo vimos un objeto con apariencia de plato, el cual se encontraba a 12,000 metros de altura, este OVNI subía y bajaba".

La descripción que realizan de las evoluciones del OVNI, fue que éste incursionaba entre las nubes, alcanzando una altura cercana a los 18,000 metros, permaneciendo ahí por un tiempo de 20 minutos.

El objeto estacionado se situó sobre la vertical del Vaso del Lago de Texcoco; durante la observación del OVNI se visualizó un DC-9 de Aeroméxico pasando a 2 kilómetros de distancia del mismo; la aeronave mexicana provenía de la zona de los volcanes y el objeto se colocaba a su derecha.

Esta información no pudo ser confirmada en Centro México. (*La Prensa*, sábado 27 de marzo de 1999).

31 DE MARZO
JUMBO PASA JUNTO A UN GRAN DISCO

En la zona del Ajusco, el mismo Sr. Pedro Ávila reportó el avistamiento de un objeto volador de forma discoidal que se encontraba a gran altura, con movimientos de bamboleo, a las 3:30 P.M. Durante dicho avistamiento se pudo apreciar el paso de un Boeing 747 Jumbo, el cual llevaba vuelo crucero de sur a norte.

JUEVES 1 DE ABRIL DE 1999
AVIÓN SALVADOREÑO SE CRUZA CON OVNI

A las 11:55 A.M., se observó un objeto de color blanco que se desplazaba de la zona del Cerro del Chiquihuite hacia los volcanes, a una velocidad menor a la de los aviones. El avistamiento duró aproximadamente 2 minutos. Un avión Airbus A320 de la línea aérea TACA, matrícula N4577A, de El Salvador, realizaba el vuelo de acercamiento al aeropuerto capitalino, volando de la dirección de la zona de los volcanes hacia la ciudad. El OVNI cruzó a su lado derecho, en dirección contraria y a unos 1,500 metros del mismo. El objeto se introdujo en un banco de nubes y allí se perdió. La altura del OVNI era de aproximadamente 19,000 metros.

LUNES 26 DE ABRIL DE 1999
OVNI SIGUE A UN FOKKER 100

Alrededor de las 7:00 A.M., durante las operaciones de despegue de un avión Fokker 100 de Mexicana de

Aviación, varios mecánicos avistaron un objeto que irradiaba mucha luz y que se encontraba estacionado en la cabecera de la pista, hacia la zona de Texcoco.

Según los testigos (aproximadamente 25 personas), el OVNI se perdió siguiendo al avión.

MAYO DE 1999
727-200 DE TAESA SE ENCUENTRA CON UN OVNI

Nuestro amigo Rubén Manrique nos informó el siguiente caso, en un vuelo matutino en un avión Boing 727-200 de la empresa arriba mencionada matrícula XA-ASS el cual despegó del aeropuerto de Zacatecas, teniendo como destino la ciudad de Tijuana, Baja California.

Según el mismo investigador, las condiciones meteorológicas reinantes sobre la zona en que se efectuó el vuelo eran de perfecta visibilidad; durante el vuelo, después de algunos minutos, la aeronave se balanceó al parecer cuando el avión entró a una zona de turbulencia y en los momentos en que una señora de regular edad increpó el que los demás pasajeros observaran por las ventanillas del avión.

Algunos de los ellos pudieron observar un objeto de dimensiones considerables el cual tenía apariencia metálica y describiéndolo de forma ovoide, este mismo se acercó y realizó maniobras hacia estrados e intrados del ala izquierda, todo esto sucedió cuando el avión volaba sobre la zona de Hermosillo, Son., dirigiéndose con rumbo a la Rumorosa. Uno de los pasajeros de nombre Jorge Narváez, afirmó posteriormente que cuando el Objeto Volador no Identificado se encontraba cerca de la aeronave citada, pudo observar cómo las luces de la cabina de pasajeros, cintilaban, razón por la cual se dedujo que el avión tuvo alteraciones eléctricas, algunos otros pasajeros afirmaron que el OVNI realizaba movimientos parecidos a los de un péndulo y según afirmaciones de un sobrecargo, el OVNI se acercó a unos 50 metros de la punta de ala.

Pasajeros de este vuelo, afirmaron que el avistamiento duró entre 4 ó 5 minutos. El OVNI ganó altura a gran velocidad y se perdió de vista, confirmando los testigos del avistamiento que el avión recobró su vuelo recto y nivelado, regresando así a la continuidad de su viaje.

Cuando el avión aterrizó en Tijuana, B.C. algunos pasajeros, preguntaron a los sobrecargos y a los pilotos su opinión sobre lo observado en el vuelo, pero los miembros de la tripulación declinaron hablar del incidente.

El mismo investigador y amigo confirmó el avistamiento de lo sucedido en otra ocasión, observado en torre de control de SLP, por el controlador de tráfico aéreo, Alberto Salgado, afirmando que tuvo oportunidad de observar 3 estructuras de apariencia metálica que estuvieron estacionadas sobre el citado aeropuerto por más de una hora.

LUNES 14 DE JUNIO DE 1999
DC-9 DE AVIACSA DETECTA OVNI ESTACIONADO SOBRE UNA PISTA DEL AEROPUERTO

El fotógrafo profesional de aviación Adolfo de la Vega, afirmó que, entre la 1:00 y 1:30 P.M., a un avión DC-9 de la empresa Aviacsa, le reportaron por la frecuencia 118.1, la presencia de un Objeto Volador No Identificado (OVNI), que se encontraba estacionado sobre la cabecera de la pista 23 izquierda. El reporte textual que se dio a un avión que realizaba maniobras de aproximación al Aeropuerto de la Ciudad de México fue el siguiente: "Precaución con un objeto que se encuentra situado en el último tercio de la pista 23 izquierda, acaban de reportar dicho objeto". El avión que se aproximaba respondió: "Enterado".

15 DE JUNIO DE 1999
TRES OVNIS ANTES DEL TEMBLOR

Tres Objetos Voladores No Identificados se vieron horas y minutos antes del temblor que se registró en la ciudad. Hacia las 14:00 hrs. de ese día, personal de mantenimiento estaba revisando un avión matrícula XA-MEI, con el nombre de "León", de Mexicana de Aviación, cuando reportaron una especie de "balón" color plateado, el cual se ubicaba frente a las instalaciones de la base del Aeropuerto Internacional.

Versiones de las personas que lo vieron, le dijeron al reportero Pablo Chávez de *La Prensa* que el OVNI permaneció a una altura muy baja, y se elevó para perderse atrás de una nube casi al nivel del piso, el objeto brillaba por los reflejos del sol.

Instantes después de este hecho, un avión DC-9 de Aeroméxico estaba aterrizando. Por otra parte, un señor de apellido Arellano reportó que 4 minutos antes del temblor del 15 de junio, él observó dos objetos esféricos de color plateado, los cuales cruzaron por el área del Peñón, ubicada a la salida de la Calzada Zaragoza.

Ambos OVNIs se separaron y tomaron rutas distintas: uno hacia el sur y el otro hacia el norte de la ciudad.

También, otros mecánicos que laboraban en uno de los hangares del Aeropuerto Internacional, observaron otro objeto volador.

Después de este temblor, dos aviones Sabreliner sobrevolaron la ciudad para evaluar daños posibles. (*La Prensa*, domingo 20 de junio de 1999).

MARTES 24 DE AGOSTO DE 1999
LUZ AMARILLA

La tripulación del Boeing Guadalajara, Matrícula 727-XA-MEF de Mexicana de Aviación, reportó que alrededor de las 8:45 P.M., al volar sobre el Estado de Veracruz, durante el vuelo Cancún-México, una luz amarilla que volaba en dirección contraria y con altura inferior, pasó por el lado derecho del avión.

SÁBADO 28 DE AGOSTO DE 1999
AVIÓN HOLANDÉS REPORTA
UNA LUZ DE COLOR ROJO MUY GRANDE

Un avión de carga de la línea holandesa Martinair, reportó a Centro México la observación de una luz de color rojo muy grande. El avistamiento fue reportado sobre la zona del Golfo de México, hacia las 9:00 P.M.

Este caso concuerda con la observación y videograbación de un objeto similar sobre la Ciudad de México, obtenida por el Sr. Salvador Guerrero.

5 DE SEPTIEMBRE DE 1999
TRES OVNIS SIGUIERON A UN 757

Un comandante de un Boeing 757-200 de la empresa Mexicana de Aviación, a quien identificaremos como JAD, relató a Alfonso Salazar el siguiente caso: "Cuando nos preparábamos para realizar el vuelo de aproximación al Aeropuerto de la Ciudad de Los Angeles, (vuelo 742 de esa compañía), cubriendo la ruta México-Los Angeles, el Segundo Oficial reportó que en la pantalla de radar TICAS (radar especializado en la detección de aviones u otros objetos que se encuentran en la dirección del avión), él pudo detectar la presencia de dos objetos en la parte posterior del Boeing 757-200, inmediatamente pedimos información a Los Angeles para monitorear ese tráfico desconocido.

"Los controladores aéreos norteamericanos nos empezaron a monitorear y nos preguntaron: Mexicana, ¿qué es lo que ven? Esta pregunta se llevó a cabo 10 veces, sobre lo que estábamos viendo. En la pantalla del Ticas se podían observar perfectamente dos objetos que seguían de cerca al 757 de Mexicana y ya casi para aterrizar en la ciudad de Los Angeles, California, los dos Objetos Voladores No Identificados nos rebasaron a gran velocidad y frente al Boeing 757-200 se volvieron tres objetos y se alejaron a una velocidad que yo no puedo concebir, incluso la de los aviones militares.

"Cabe mencionar que los controladores aéreos nos solicitaban información cada medio minuto sobre los objetos no identificados, cuando el Boeing 757-200 de Mexicana aterrizó en Los Angeles. Las autoridades de la FAA (Federal Administration Aviation) de los Estados Unidos pidió una explicación del vuelo 757 de Mexicana, con respecto al encuentro del avión, con tres Objetos Voladores No Identificados sobre el espacio aéreo de Los Angeles, California".

El comandante del avión Boeing 757-200 agregó "no eran aviones norteamericanos de caza, su velocidad era tremenda, ya que el centro de Los Angeles nos pedía información sobre los OVNIs cada medio minuto, al llegar al Aeropuerto, las autoridades federales nos pidieron un informe detallado de lo sucedido".

Avión: Boeing 757-200.

5 DE NOVIEMBRE DE 1999
TRIPULANTES DE UN 767 REPORTAN OVNI

Se reporta la presencia por el rumbo del Aeropuerto de la Ciudad de México, de un objeto en forma esférica, el cual estuvo estacionado a una altura de 12,000 metros, razón por la cual no fue registrado por los radares de Centro México.

Sin embargo, este objeto fue reportado por un avión Boeing 767, de una compañía aérea centroamericana, la cual cubría la ruta con destino a la ciudad de Los Angeles, sin hacer escala en el Distrito Federal.

El 1 de noviembre (lunes), el señor Salvador Guerrero reportó el avistamiento de un objeto que desprendía una luz color rojo, por el rumbo de Iztapalapa, aparentemente sobre las avenidas de Ermita Iztapalapa y Rojo Gómez.

6 DE NOVIEMBRE DE 1999
OVNI CERCA DE UN DC-9

Personal del Aeropuerto Internacional de la Ciudad de México, así como de un hangar situado al norte del mismo, afirmaron haber observado un Objeto Volador No Identificado (OVNI), de apariencia metálica y forma esférica, el cual se encontraba sobre el mismo y durante el avistamiento del OVNI, un avión del tipo DC-9 que realizaba el sobrevuelo de aproximación, llevando una dirección de oriente a norte (realizaba aproximación por el World Trade Center), pasó muy cerca del OVNI, según el personal de tierra del aeropuerto, la tripulación del citado avión pudo observar al OVNI, ya que se encontraba a la misma altura durante la aproximación (5,000 metros aproximadamente). El tiempo era bueno, con sol y nubes.

El OVNI permaneció durante varios minutos sobre el aeropuerto, hasta empezar a desplazarse hacia la zona de los volcanes, según dijeron los testigos del avistamiento. Uno de ellos logró tomar un video del encuentro entre el DC-9 y el OVNI.

7 DE NOVIEMBRE DE 1999
ENORME OBJETO EN FORMA DE GUSANO

Varios Objetos Voladores No Identificados se observaron en los límites del Distrito Federal con el Estado de México, el primero de los casos fue un objeto en forma de "gusano", transparente, el cual tenía en su interior otros objetos en forma esférica y de menor tamaño; el segundo avistamiento fue de un "platillo" que estuvo estacionado por espacio de 5 minutos a una altura aproximada de unos 200 metros sobre unas viviendas.

El señor Abraham Hernández reportó que al filo de las 15:00 hrs., en la colonia Emiliano Zapata, sobre el Cerro de la Caldera, se apareció un "enorme objeto en forma de gusano".

Éste también fue observado por Ricardo Hernández, desde la azotea de su casa.

Este OVNI se movía de adelante para atrás, y pudo ser apreciado durante casi 60 minutos alrededor de las 16:00 hrs., tomó más altura y se dirigió al volcán Popocatépetl, donde se perdió de vista.

Otros testigos dijeron que este objeto se veía desde la carretera de Puebla y estaba arriba del cerro La Caldera, y a una altura superior a la que vuelan los aviones comerciales.

Ese mismo día, pero por el rumbo de Cuajimalpa, entre los poblados de Ayotzingo y Tezompa, 15 personas vieron un "platillo", el cual traía luces rojas al costado, este avistamiento tuvo lugar a las 20:00 hrs.

Cuando las personas lo vieron, en ese instante se fue la luz en la zona; reportes de la gente señalan que este "platillo" estuvo estacionado a una altura de 200 metros sobre sus viviendas.

"El objeto subía y bajaba y dio dos vueltas sobre las poblaciones; traía unas luces rojas al costado y daba vueltas". Según versiones de la gente del lugar, esta "nave" estuvo estacionada por espacio de 5 minutos, después se elevó y desapareció. (*La Prensa*, sábado 13 de noviembre de 1999).

PRIMERA SEMANA DE NOVIEMBRE DE 1999
¿AVIONETA ESCOLTADA POR OVNIS?

En un reporte dado a conocer en un noticiero radiofónico de Radio Centro, se informó del supuesto encuentro de una avioneta norteamericana con OVNIs sobre la zona del lago de Pátzcuaro. La transcripción es la siguiente:

"Una avioneta Cessna de cinco plazas, con matrícula 2337-P, procedente de los Estados Unidos de Norteamérica, desapareció misteriosamente la madrugada de este miércoles en las inmediaciones del lago de Pátzcuaro, esto es a unos 60 kilómetros de la capital michoacana.

"El último reporte del piloto de la aeronave pierde el contacto con la torre de control de Guadalajara, Jal., al momento de su desaparición el radar señalaba que los controles de la nave se habían vuelto locos y que solamente veía un lago y unos objetos no identificados a su lado, al respecto el vocero de Rescate y Protección Civil del Estado de Michoacán, señaló: 'hasta el momento se desconoce la suerte que corrió esta aeronave, si efectivamente se accidentó o logró acuatizar en algún lado o realizó un aterrizaje de emergencia en algún lugar que haya podido encontrar el piloto, en esta avioneta viajaban cuatro pasajeros y el piloto, procedentes de los Estados Unidos con rumbo a la ciudad de Morelia, Michoacán'."

Posteriormente se supo que los pasajeros eran europeos y que la avioneta realizó un aterrizaje forzoso cerca del lago de Pátzcuaro.

Lo que quedó asentado en el reporte del piloto a la torre de control de Guadalajara fue que observaron Objetos Voladores No Identificados cerca de la avioneta.

16 DE NOVIEMBRE DE 1999
TÉCNICO AERONÁUTICO REPORTA OVNI

El técnico Francisco Guízar, reportó que, desde una ventanilla del avión Boeing 727-200, Matrícula XA-MXI, en el Vuelo 905 de Cancún a México, de Mexicana de Aviación, al sobrevolar la costa de Quintana Roo, a las 8:45 P.M., pudo observar cómo un gran objeto en forma de disco, de color anaranjado y que llevaba mayor altura, rebasó al avión. El técnico asegura que dicho objeto llevaba el doble de velocidad que la del avión.

23 DE NOVIEMBRE DE 1999
727 CERCA DE UN OVNI

Hacia las 4:15 de la tarde, se observó un avión Boeing 727-200, que volaba en vuelo recto y nivelado, a unos 12,000 metros, en dirección Oriente-Poniente; al pasar sobre Tláhuac, dicho avión pasó debajo de un objeto en forma de plato de color blanco, el cual se encontraba a unos 2,000 metros arriba, estacionado. El cielo estaba perfectamente azul y se pudo apreciar perfectamente.

28 DE NOVIEMBRE DE 1999
757 DE AEROMÉXICO PASA CERCA DE UN OVNI

El señor Pedro Ávila logró videograbar un Objeto Volador No Identificado (OVNI), el cual se encontraba estacionado sobre la zona de Naucalpan. En el video se puede observar un avión Boeing 757-200 de Aeroméxico, que realizaba un vuelo de acercamiento al Aeropuerto Internacional de la Ciudad de México.

La altura del OVNI es similar a la del avión, el video fue presentado junto con otros, durante una entrevista que se le realizó al citado señor Ávila, junto con Sergio Ruiz, por el entrevistador Rodrigo Murray, durante el programa "Todos Hablan", transmitido hacia el mes de diciembre por el Canal 40.

1 DE DICIEMBRE DE 1999
OBJETO NEGRO CERCA DE UN AVIÓN

Ernesto M., nos comentó que viajó por AVIACSA a la ciudad de Guadalajara, y que cuando cruzaban por Michoacán el capitán Alejandro Copola les informó que al lado derecho de la nave volaba un objeto negro brilloso en forma de mantarraya. Este objeto se veía bastante lejos, subía y bajaba cambiando su altitud a una velocidad increíble.

El capitán informó que se comunicaría con Centro México y con la estación de Morelia para pedir información sobre un tráfico reportado en sus radares. Instantes después notificó que era negativo el contacto radar, pero que otros aviones ya habían reportado un hecho similar, pero a distancia más cercana al avión. Asimismo, este testigo comenta que su padre, ahora jubilado de Aeroméxico, le platicó que en una ocasión había visto una especie de plasma o una "bola de luz", que viajó durante unos 20 minutos al lado de un DC-10 y que recuerda que ese objeto era más grande que el avión.

4 DE DICIEMBRE DE 1999
VIDEOGRABAN JET EJECUTIVO Y OVNI

Salvador Guerrero afirmó haber observado un avión jet ejecutivo, que volaba a gran altura. Según el testigo, el avión se tuvo que desviar, en virtud de que un Objeto Volador No Identificado en forma de esfera se encontraba en su trayectoria. Posteriormente el avión recobró su rumbo original y el OVNI siguió estacionado en la misma zona. Un avión jet ejecutivo, que volaba a 12,000 metros de altura, tuvo que desviarse para evitar un objeto en forma esférica, que sobrevolaba la Ciudad de México. El encuentro se dio al filo de las 16:00 hrs., en la zona oriente del Distrito Federal. (*La Prensa*, diciembre de 1999).

El mismo día 4 de diciembre de 1999, varias personas observaron un objeto de forma tubular, el cual se dirigía a la zona de los volcanes. A las 19:00 hrs., se vieron 3 objetos que iban hacia la zona de Chalma, Estado de México. (*La Prensa*, diciembre de 1999).

En esta misma fecha, el Sr. Felipe Morales (personal del equipo de apariencia y pintura de una línea aérea) quien tiene aproximadamente 15 años de trabajar en diferentes líneas aéreas afirmó que hacia las 12:40 del día tuvo oportunidad de observar desde la zona de la Colonia Providencia el sobrevuelo de un objeto en forma ovalada en trayectoria ascendente, el cielo en esos momentos se encontraba despejado y asimismo el Sr. Morales, afirmó que durante la observación del OVNI, surcaba un avión del tipo MD-80 de Aeroméxico y según los cálculos que él hizo, el avión cruzó abajo del OVNI, después de unos instantes el objeto se perdió de vista hacia el cielo.

7 DE DICIEMBRE DE 1999
OTRO VIDEO MÁS

A las 5:44 de la tarde, el señor Salvador Guerrero videograbó un objeto oscuro, el cual se desplazaba hacia la zona del aeropuerto de la Ciudad de México, en el video se logra observar el paso de un Boeing 727-200 en operación de despegue.

11 DE DICIEMBRE DE 1999
OVNI DE COLOR ROJO

Alrededor de las 10:00 P.M., se videograbó un objeto de color rojo, observándose cómo un avión pasa cerca del OVNI.

19 DE DICIEMBRE DE 1999
ATR-50 CERCA DE UN "PLATO VOLADOR"

Un objeto volador en forma de plato que estaba estacionado por la zona del aeropuerto fue observado alrededor de las 6:00 P.M. Un avión ATR-50 de la empresa Aeromar pasó cerca de él. (*La Prensa*, diciembre de 1999).

21 DE DICIEMBRE DE 1999
UN OVNI IRRADIANDO LUZ BLANCA

Salvador Guerrero logró videograbar un avión Fokker 100, que volaba de Sur a Norte sobre la Ciudad de México. El video fue tomado desde la zona de la colonia Agrícola Oriental y en él se puede observar una estrella y un objeto luminoso que viajaba a velocidad similar a la del avión. El objeto irradiaba luz blanca y se desplazaba de Oriente a Occidente, pasó después de que el avión cruzó la zona de donde fue tomado el video.

31 DE DICIEMBRE DE 1999
OVNI SOBRE LA TORRE DE PEMEX

El señor Salvador Guerrero logró videograbar hacia las 20:00 hrs., un objeto luminoso de color rojo, el cual se encontraba maniobrando sobre la torre de PEMEX (edificio ubicado al norte de la Ciudad de México). En el video se puede apreciar el paso de dos aviones en vuelo de aproximación al aeropuerto metropolitano, un McDonnell Douglas MD 90 de Aeroméxico y un Boeing 747.

El capitán Rico Cerda reportó el avistamiento de un objeto luminoso cuando piloteaban un DC-10 de Mexicana sobre Mazatlán, Sinaloa a finales de 1993.

La tripulación de un Boeing 747-200F carguero de la linea aérea QUASSAR reporta el 16 de septiembre de 1994 el avistamiento de un objeto volador con forma de mantarraya sobre Ciudad Satélite.

Un boom de encuentros OVNI   255

Fotografía cortesía del Sr. Heriberto Estrada la cual es obtenida de un video que captó el vuelo de un avión Boeing 727-200 y en su parte superior un objeto no identificado.

Febrero de 1996. La tripulación de un Boeing 727-200 de Mexicana observó un objeto redondo de color gris que se cruzó frente al avión en la zona de los volcanes.

Diciembre de 1996. La tripulación del Airbus A-320 de Mexicana vuelo 748 procedente de Tampico hacia la Ciudad de México reporta que fueron escoltados por 3 OVNIs.

El 15 de noviembre de 1997, se logró videograbar 2 OVNIs de color blanco sobre el D.F. En el video se observa un avión ATR-42 de Aeromar pasando cerca de los OVNIs.

Un boom de encuentros OVNI

El 3 de diciembre de 1997, la tripulación de un DC-9 de Aerocaribe reporta la observación de un "puro volador" que salió del cráter del volcán Popocatépetl.

El 26 de diciembre de 1997, la tripulación de un Boeing 727-100 de A. I. reporta a Centro México que los escolta un objeto que irradia una luz roja desde que despegaron del puerto de Acapulco.

258   Los OVNIs y la Aviación Mexicana

El 6 de noviembre de 1998, la tripulación de un Boeing 737-200 de Magnicharters reportó a C M el avistamiento de un objeto volador de forma de balón métalico sobre la zona del WTC.

El 29 de diciembre de 1998, la tripulación de un Boeing 747-400 de Lufthansa, reporta a Centro México el avistamiento de una luz muy grande sobre Pachuca, Hidalgo.

Un boom de encuentros OVNI

16 de enero de 1999, el Sr. Adolfo de la Vega reportó una luz brillante desplazándose en el cielo a gran velocidad en el momento del arribo a la ciudad de un Boeing-767-300 de la línea aérea LANCHILE.

El Sr. Pedro Ávila observó 8 objetos voladores de color negro intenso que escoltaron el vuelo de acercamiento al AICM de un avión alemán de carga MD-II, el 19 de marzo de 1999.

El 31 de marzo de 1999, fue observado y detectado por CM a más de 12,000 m., un gran objeto volador en forma de disco, en los momentos en que cruzaba un Boeing 747 en vuelo de Sur a Norte.

El 1 de abril de 1999, un Airbus A-320 de la Línea Aérea TACA se cruzó con un objeto volador de color blanco, sobre la zona del AICM durante el vuelo de acercamiento a la Ciudad de México.

Un boom de encuentros OVNI

El 14 de junio de 1999, hacia las 13:30 hrs. la torre de control México le reporta a un DC-9 de AVIACSA por la frecuencia 118.1 la presencia de un OVNI en el último tercio de la pista 23 izquierda.

28 de agosto de 1999, la tripulación de un MD-II carguero de la Línea Aérea Holandesa Martinair reportó a CM el avistamiento de un objeto volador que irradiaba luz roja sobre el Golfo de México.

31 de diciembre de 1999, un objeto negro estático en el cielo videograbado por Salvador Guerrero durante la operación de aterrizaje de un Boeing 747-200 de IBERIA.

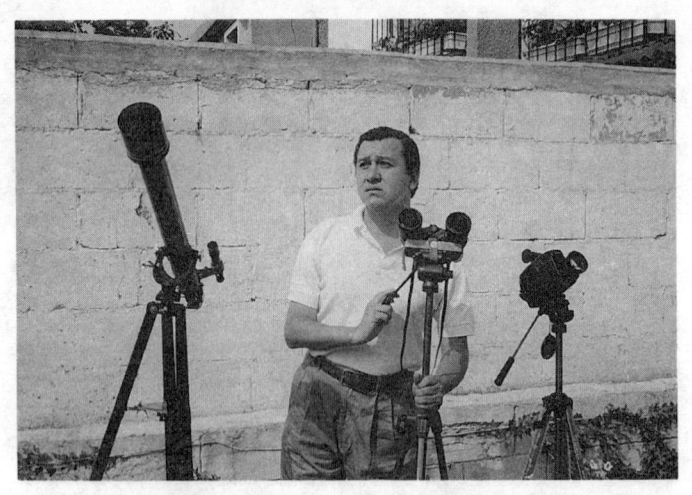

Pedro Ávila, integrante del CIFEEEAC, es un observador muy acucioso del cielo de la Ciudad de México, ha logrado videograbar excelentes objetos desconocidos en su cercanía a gran número de vuelos comerciales.

El 2000

¿Hacia un reconocimiento oficial?

EL ACTOR ALFREDO ADAME CUENTA SUS EXPERIENCIAS CON LOS OVNIS

En una emisión del Programa "HOY", a finales de febrero del año 2000, el actor de telenovelas mexicano Alfredo Adame, quien trabajó por varios años como sobrecargo en Aeroméxico, contó sus experiencias con OVNIs.

Según su descripción, cuando realizaban un vuelo entre la Ciudad de México y Caracas, Venezuela, él, junto con varios miembros de la tripulación, pudieron observar un objeto volador en forma de esfera, el cual siguió al avión en su vuelo de acercamiento al Aeropuerto de Caracas. El OVNI acompañó al avión mexicano hasta que aterrizó. Posteriormente, cuando el avión despegó y llegó a la altura crucero, otro objeto parecido al primero, también acompañó al avión por varios minutos, hasta que llegó el momento en que lo perdieron de vista.

En otra ocasión, afirmó el conductor de televisión y actor, que durante un vuelo, volando sobre el World Trade Center, pudieron observar un objeto volador desconocido, que se encontraba estacionado sobre la zona. Según la descripción del Sr. Adame, los avistamientos se realizaron de día.

4 DE FEBRERO DEL 2000
TRIPULACIÓN DE UN DC-9 DE AEROCALIFORNIA REPORTA UN TRÁFICO EXTRAÑO EN EL CIELO

Durante los primeros días del mes de febrero del año 2000, la tripulación de un avión DC-9 de la línea aérea Aerocalifornia, tuvo oportunidad de observar durante un vuelo diurno, lo que el capitán describió como un "hombrecito volador".

Según la información dada a conocer por el capitán del avión, cuando volaban a una altura de 12,000 metros él logró observar al lado del DC-9 un objeto volador que aparentemente tenía forma de un "hombrecito volador". El mismo presentaba lo que al parecer era una mochila en su espalda, un casco y se apreciaban tanto sus brazos como sus piernas y se encontraba a una altura inferior del avión de pasajeros, el avistamiento duró unos segundos y fue comentado por el capitán y sus compañeros de vuelo. El capitán desea permanecer anónimo, ya que no quiere tener problemas en su trabajo por lo que observó. Afirmó que aquello era un OVNI, ya que no tenía respuesta satisfactoria para explicar lo que había visto aquel día.

Este reporte se viene a sumar a varios videos y observaciones que se han realizado tanto en la Ciudad de México como en Cuernavaca, sobre estos supuestos "hombrecitos voladores", que a partir de 1999 se han observado en el cielo.

18 DE FEBRERO DEL 2000
200 OVNIS SON OBSERVADOS
SOBREVOLANDO MÉRIDA

Según la información que fue proporcionada por el controlador aéreo Enrique Kolbek y que a su vez le fue proporcionada por los controladores aéreos de Mérida, Yucatán, y dado a conocer por el periódico *La Prensa*, por el periodista Pablo Chávez, en la edición del domingo 27 de febrero del 2000. Se publicó que varios testigos, entre ellos personal de la torre de control del Aeropuerto Internacional de Mérida, pilotos, bomberos, personas que se encontraban en el aeropuerto y personas civiles que estaban en diferentes puntos de la ciudad, lograron observar alrededor de 200 objetos no identificados en el cielo.

El avistamiento masivo aconteció hacia las 13:00 hrs. y terminó hacia las 15:00 hrs. La torre de control del aeropuerto citado reportó la presencia de decenas de objetos de apariencia metálica algunos, otros más de color negro los cuales se desplazaban sobre la zona oriente de esa ciudad.

La trayectoria que llevaban dichos objetos era de norte a sur y pudieron ser observados por medio de binoculares desde la torre de control. Algunos controladores afirmaron haber contado hasta 240 Objetos Voladores No Identificados.

Hacia la 15:10 hrs., otro objeto cruzó también los cielos de Mérida y afirmaron las personas que lo observaron que fue de mayor tamaño al de los anteriores. Este era de forma ovoide, parecido a un gran balón de fútbol americano. Este otro objeto, era de apariencia oscura cruzando sobre el horizonte de la ciudad de Mérida.

Dicho avistamiento causó gran revuelo entre la población. Este último fue conocido primeramente dentro del medio aeronáutico y posteriormente se dio la información en prensa y radio.

2 DE MARZO DEL 2000
OVNI LUMINOSO

Durante el sobrevuelo de un OVNI luminoso, el cual se logró videograbar sobre la Ciudad de México, en específico sobre la zona del WTC, se observaron al mismo tiempo tres aviones DC-9 y un helicóptero Bell-206 Ranger. El video fue tomado por el señor Salvador Guerrero.

MARZO DEL AÑO 2000
LUZ BRILLANTE CERCA DE UNA
AVIONETA EN PUEBLA

El piloto Alfredo Zepeda Avitia relató en una entrevista radiofónica que, durante una instrucción realizada saliendo desde el aeropuerto Hermanos Serdán en Puebla, a finales de marzo del año 2000, cuando realizaba "circuitos" de toque y despegue, la citada operación se realizaba desde una altura de 1,000 pies del aeropuerto, 8,352 metros hacia el mismo.

Cuando se encontraba volando a 9,500 pies el citado piloto tuvo una observación con dirección hacia el volcán Popocatépetl, el cual se encuentra al noroeste de dicho aeropuerto una luz brillante la cual era por reflejo del Sol, la observación se realizó en vuelo nivelado, el instructor le indicó que realizará un viraje a la izquierda perdiéndolo de vista, posteriormente 15 minutos antes de aterrizar a 8,352 pies observó cómo se les emparejaba a unos 100 metros de distancia sobre el ala derecha el citado objeto, el cual se pudo observar detalladamente, el OVNI tenía entre 40 a 60 cm de diámetro y se asemejaba a un balín con brillo pulido con reflejos.

El piloto Alfredo Zepeda le preguntó a su instructor qué era aquello, a lo que respondió "no te preocupes, sigue". Ya que realizábamos la trayectoria de acercamiento al aeropuerto el OVNI siguió a la avioneta por 5 minutos, el piloto aspirante se sentía nervioso por el incidente, el avión en cierto momento se le fue de control y el instructor lo tomó para balancearlo, tratando de concentrase en el vuelo.

Antes de que el piloto Zepeda solicitara informes a la Torre sobre la aproximación final, el OVNI toma una trayectoria brusca y se cruza unos 20 metros frente a la nariz de la avioneta, incrementando la potencia de la misma; el instructor calmó al piloto Zepeda, diciéndole "cálmate, cálmate, no te preocupes, ya estamos acostumbrados a esto", a lo que el piloto preguntó "¿acostumbrados a qué?". "En tierra hablamos", indicó el instructor. Al llegar al aeropuerto y entregar el plan de vuelo en la comandancia para reportar el incidente se necesitaba la firma del capitán instructor, documento que firmó el mismo, así como el plan de vuelo y el reporte, la escuela conserva una copia del mismo.

El reporte del incidente también lo tienen las autoridades aeronáuticas de Puebla, ya que el capitán Zepeda estaba al mando de la aeronave, en el reporte decía un "objeto extraño desde el comienzo de la trayectoria de despegue observándose al noroeste de la estación a los 15 minutos antes de la trayectoria de descenso en aproximación final se observa nuevamente y antes de pedir autorización de aterrizaje el objeto realiza un cambio brusco de trayectoria pasando frente a la nariz de la aeronave, perdiéndose de vista totalmente no sabiéndose hacia dónde se fue, ya que la reacción del piloto fue controlar el avión, pensando que pudiera tener una colisión".

Ya en tierra el instructor le comentó al capitán Zepeda, que él ya había tenido en varias ocasiones desde que era piloto instructor oportunidad de observar este tipo de objetos voladores no identificados pero no quiso entrar en detalles.

16 DE MARZO DEL 2000
LUCES VERDES BRILLANTES FRENTE A UN 727

La tripulación de un avión Boeing 727-200 de Mexicana de Aviación, matrícula XA-MXJ (EXTRA – ALFA – METRO – EXTRA – JULIETA) de nombre "Puerto Escondido", reportó que durante la operación de despegue lograron observar 6 luces verdes, las cuales trazan una línea vertical de norte a sur, frente a su aeronave, este incidente se reportó a Centro México durante un vuelo nocturno cuando dicho avión despegaba del aeropuerto Iztapa Zihuatanejo. Esta información fue proporcionada por un controlador aéreo.

21 DE ABRIL DEL 2000
OVNIS Y AERONAVES SOBRE
IZTAPALAPA EN VIERNES SANTO

El periódico *La Prensa* en su edición del sábado 22 de abril de este año, publicó una información firmada por el periodista Pablo Chávez, informando que durante la 157 escenificación de la pasión de Cristo en Iztapalapa, fueron observados primeramente 3 Objetos Voladores No Identificados sobre el cerro de la

Estrella. Dichos objetos tenían apariencia metálica, el primer avistamiento tuvo lugar hacia las 15:25 horas, cuando desde una colonia vecina al citado cerro, fue observado un objeto metálico el cual se dirigía de norte a sur a gran altura y a la velocidad similar a la de una aeronave.

Por su parte el Sr. Jaime Moreno acompañado de su familia observó otro OVNI desde la zona de Canal Nacional al sur de dicho cerro. Según su declaración el objeto tenía forma de plato y reflejaba los rayos del sol, era de color blanco y realizaba movimientos ascendentes y hacia la izquierda, exactamente en esos instantes el cerro de la Estrella era sobrevolado por dos helicópteros uno del tipo Eucuriel de fabricación francesa, perteneciente al agrupamiento Cóndores de la policía del Distrito Federal y el segundo un helicóptero Bell–206 de Televisión Azteca, al cabo de un tiempo el citado objeto se dirigió hacia el poniente de la ciudad ahí se encontró con un segundo objeto y permanecieron por espacio de un largo lapso de tiempo, después de unos minutos el segundo OVNI se enfiló hacia el poniente de la ciudad, en tanto que el primero regresó a la zona del cerro de la Estrella donde se perdió entre los árboles de la zona.

Un tercer objeto fue observado hacia las 16:40 horas, y se observó desde la zona de Culhuacán, al sur de la Ciudad de México. Este objeto era de apariencia circular, de color rojo y llevaba una dirección hacia el oriente del D.F.; al cabo de 10 minutos fue observado otro objeto de apariencia metálica y este estuvo estacionado sobre el citado cerro a gran altura por varios minutos para posteriormente desaparecer, cabe mencionar que según cálculos, esa tarde se congregaron en la zona de Iztapalapa unos 2 millones de personas y que las observaciones de los OVNIs y de los helicópteros fueron a través de binoculares.

26 DE MAYO DEL 2000
OVNI CON DOMO

El capitán Edgar Báez, quien voló aviones DC-9 de TAESA, observó un objeto volador en forma de plato, con una especie de domo en la parte superior. El objeto se mantenía a unos 9,500 pies a nivel del mar, 2,000 pies arriba de la ciudad (700 metros). El objeto se dirigió a una nube al Oeste de la ciudad alrededor de las 6:40 de la tarde.

A esa hora arribaban a la ciudad un avión Boeing 727-200 de Mexicana en aproximación, así como el helicóptero de Radio Red. Casi estaba anocheciendo, el objeto no tenía luces y presentaba un bamboleo, una oscilación y no se escuchó ruido.

1 DE JUNIO DEL 2000
JET DE LA MARINA DE MÉXICO
SE CRUZA CON UN OVNI

El señor Pedro Ávila logró videograbar hacia las 6:00 de la tarde, un avión del tipo Learjet-35 de la Marina de México, el cual volaba de norte a sur sobre la aerovía de San Mateo y en el video se puede observar cómo el citado jet militar se cruza con un Objeto Volador No Identificado. En el video se puede observar la gran velocidad del avión militar y el mismo fue tomado desde la zona de Tlalnepantla, Estado de México.

4 DE JUNIO DEL 2000
DOS AVIONES CERCA DE UN OVNI

Siendo las 6:20 de la tarde, desde la zona Sur de la Ciudad de México, en la Unidad CTM Culhuacán, alrededor de ocho personas lograron observar un objeto volador de apariencia metálica, el cual volaba de Oriente a Poniente, a una altura aproximada de 14,000 metros.

El cielo se encontraba completamente azul y el objeto se distinguía perfectamente. En esos momentos, un avión DC-9-50 de Aeroméxico, se cruzó con el objeto; el OVNI siguió su camino y a los dos minutos otro avión, un Boeing 757-200, también de Aeroméxico, cruzaba el cielo de Sur a Norte de la ciudad y pasó por abajo del OVNI.

Al parecer el avión llegaba de un vuelo de Sudamérica. Posteriormente se checó con Centro México si lo captaban en el radar, cosa que no sucedió, siendo el caso que el OVNI volaba arriba del barrido del radar de Centro México. El objeto se logró observar con binoculares: era en forma de plato, con un domo en la parte superior y de apariencia metálica. El objeto se perdió hacia el Sur de la ciudad, arriba del cerro del Ajusco. El avistamiento se hizo público en el programa "HOY" del Canal 2 y se presentó un video del OVNI, tomado desde otra zona de la ciudad.

4 DE JUNIO DEL 2000
UN OVNI CRUZÓ FRENTE A DOS AVIONES EN EL DISTRITO FEDERAL

Una vez más se registró el avistamiento de un OVNI sobre el Distrito Federal, cuando se dirigía de norte a sur. Cruzó frente a dos aviones comerciales que realizaban maniobras de aterrizaje en el aeropuerto capitalino.

Según reportó Alfonso Salazar, del Centro Investigador de Fenómenos Extraterrestres, Espaciales y Extraordinarios (CIFEEEAC), el hecho se registró hacia las 18:20 hrs., lográndose su apreciación gracias a la claridad del cielo.

El OVNI tenía forma de "plato", con un domo en la parte superior y muy brillante. Volaba a una altitud aproximada de 14,000 metros y no pudo ser detectado por el radar del Centro México. Un avión modelo DC-9-50 de Aeroméxico realizaba maniobras de aterrizaje en el momento del avistamiento y 5 minutos después otro Boeing 757-200 de la misma empresa, que venía de Sudamérica, se cruzó con el OVNI.

Varias personas observaron con binoculares y en Nezahualcóyotl un videoaficionado logró tomas del avistamiento, proporcionándoselas al periodista Jaime Maussán.

El OVNI se dirigió hacia el sur de la ciudad para posteriormente perderse entre los cerros que circundan el Distrito Federal.

6 DE JUNIO DE 2000
AVIÓN SKYVAN Y OVNI VIDEOGRABADOS

El señor Pedro Ávila reportó haber observado un objeto volador de apariencia metálica, sobre el corredor de San Mateo, cuando un avión del tipo SC.7 Skyvan realizaba el vuelo de acercamiento para aterrizar en el AICM. El señor Ávila logró videograbar el avión cuando pasaba cerca del objeto.

7 DE JUNIO DEL 2000
ESCUADRILLA DE OVNIS AVISTADOS
POR LOS MIEMBROS DE GIFOE

El GIFOE es un grupo de investigadores y vigilantes de los cielos en busca de OVNIs, reportando que en esa fecha, cuando realizaban una vigilancia nocturna en Tula, Hidalgo, lograron observar un total de 7 luces que se desplazaban y quedaban estáticas sobre los cielos de Hidalgo. Pudieron constatar que no se trataba de aviones, ya que el tiempo durante el que avistaron las luces (7 horas), observaron también el paso de 20 aviones que cruzaron sobre la zona. Los testigos lograron videograbar tanto a los OVNIs como a los aviones, según informaron Damián Minaya y Julio Isunza, miembros del citado grupo.

23 DE JUNIO DEL 2000
OVNI Y BOEING 727 SOBRE LA CIUDAD DE MÉXICO

El Sr. Juan Flores reportó que logró videograbar un OVNI con forma de platillo volador, el cual viajaba de norte a sur a una altura de 3,500 metros aproximadamente, en el citado video según el Sr. Flores se puede apreciar el paso de un avión 727-200.

24 DE JUNIO DEL 2000
OVNI CERCA DE UN AVIÓN DE MEXICANA

El señor Salvador Guerrero, quien es uno de los vigilantes del cielo y ha captado extraordinarios videos de OVNIs en México, logró videograbar, hacia las 6:30 de la tarde, un Objeto Volador No Identificado, el cual se encontraba en su cenit. La toma se realizó desde la zona de la colonia Agrícola Oriental, en los momentos en que se aprecia que el objeto de apariencia metálica cruza sobre la zona y al parecer muy cerca del OVNI, se ve un avión de la empresa Mexicana de Aviación. Éste se dirige de sur a norte, y es inconfundible la línea aérea. El OVNI permanece por varios minutos en la zona y posteriormente se desplaza hacia la zona de los volcanes, hasta perderse de vista.

2 DE JULIO DEL 2000
OBJETO DE COLOR NEGRO
SOBREVUELA EL D.F.

Durante las operaciones aéreas de acercamiento al AICM se logró videograbar un objeto de color negro, el cual sobrevolaba la zona poniente de la Ciudad de México. El tiempo era claro con algunas nubes y las aeronaves que estuvieron involucradas en el video, junto con el objeto negro, fueron un Boeing 727-200 de Mexicana, un Douglas DC-9 y un helicóptero Bell-206 Ranger.

15 DE JULIO DEL 2000
JUMBO HOLANDÉS Y 2 AVIONES MEXICANOS
CERCA DE UN OVNI

El Sr. Salvador Guerrero logró videograbar hacia las 7:02 de la tarde un objeto volador de color negro y de forma de hongo, el cual se encontraba al parecer sobre la zona del Aeropuerto Internacional de la Ciudad de México.

En el citado video se pueden apreciar las operaciones de aterrizaje de dos aviones del tipo Airbus A-320 de Mexicana de Aviación y de un Boeing 747-400 de la línea aérea holandesa KLM.

El objeto se encontraba a una altura aproximada de 500 metros y se desplazó hacia la zona de los volcanes hasta perderse de vista. La tarde era soleada con escasas nubes en el cielo.

15 DE JULIO DEL 2000
SE LOGRÓ VIDEOGRABAR
UN OBJETO BRILLANTE REDONDO

Siendo las 20:20 hrs., se logró videograbar un objeto brillante redondo, el cual permanecía a unos 3,000 metros aproximadamente de altura, sobre la zona poniente de la Ciudad de México. Todavía a las 20:20 hrs. había luz de día y en el video se puede observar el vuelo de tres aviones Boeing 727-200 y un DC-9, los cuales provenían del corredor de San Mateo y se acercaban al AICM. Así lo reportó el señor Salvador Guerrero.

2 DE AGOSTO DEL 2000
ESFERA METÁLICA Y HELICÓPTERO

El Sr. Salvador Guerrero informó haber videograbado a las 12:35 de la tarde, hacia el Sur del Distrito Federal, desde la zona de la colonia Agrícola Oriental, un objeto de forma esférica de apariencia metálica y que con los rayos del sol parecía que lanzaba destellos, el viento soplaba de Norte a Sur y según el Sr. Guerrero el objeto se encontraba estacionado, sobre unas torres de alta tensión, el mismo permanecía estático.

En el video se puede observar cómo un helicóptero de la policía sobrevoló la zona y posteriormente este helicóptero se alejó hacia el cerro del Ajusco. A los pocos instantes el objeto se desplazó hacia una nube verticalmente, dirigiéndose hacia la zona del volcán Popocatépetl, el mismo OVNI lanzaba flashazos y al final se observa cómo otro helicóptero cruza de Norte a Sur.

5 DE AGOSTO DEL 2000
LUZ BLANCA SE CRUZA CON UN AVIÓN

Hacia las 21:00 horas, el mismo Sr. Guerrero afirmó que logró videograbar una luz blanca que se desplazaba en el cielo y dentro de una de las tomas se puede observar cómo se cruza con un avión que sobrevolaba la Ciudad de México se observa que el objeto lleva mayor altura, este objeto en una de las tomas incrementa su luminosidad y se dirige hacia la zona del estado de Puebla. El Sr. Guerrero ha logrado videograbar una cantidad innumerable de OVNIs con su cámara, en muchas de estas tomas aparecen los OVNIs junto a las trayectorias de los aviones que entran y salen del espacio aéreo de la Ciudad de México. El Sr. Guerrero ha alcanzado una plena acuciosidad de escudriñar el cielo de la Ciudad de México lo que le ha valido diferenciar estos objetos misteriosos de un globo meteorológico o de cualquier aeronave convencional.

12 DE AGOSTO DEL 2000
OTRO OBJETO NEGRO SOBREVOLÓ
EL PONIENTE DE LA CIUDAD

Un objeto de color negro, de forma esférica, fue videograbado sobre el poniente de la Ciudad de México a las

6:29 de la tarde, durante las operaciones aéreas de acercamiento de un avión sobre el corredor aéreo de San Mateo. En el video se puede observar perfectamente cómo la aeronave pasa cerca del objeto negro.

5 DE SEPTIEMBRE DEL 2000
LUZ BLANCA BRILLANTE SOBRE EL WTC

Varios testigos afirmaron haber podido observar, hacia las 8:30 P.M., una gran luz blanca que se encontraba estacionada sobre la zona del antiguo Hotel de México, ubicado en la Avenida Insurgentes Sur. Según el informe del señor Salvador Guerrero, lo que videograbó fue una luz blanca de forma esférica, que tenía movimiento hacia arriba y hacia la izquierda. En el video se puede apreciar el momento en que un avión realiza las operaciones de acercamiento al AICM, así como la luz arriba del avión e intempestivamente la luz se apaga. También se logra observar una tormenta eléctrica hacia los cerros que se encuentran atrás del edificio del WTC.

Según el informe del señor Guerrero, la luz desaparece poco a poco, hasta apagarse definitivamente.

7 DE SEPTIEMBRE DEL 2000
OVNI SOBRE EL ESTADO DE MÉXICO

El señor Pedro Ávila logró observar y videograbar una luz brillante, que se encontraba visiblemente a un lado de la luna. La observación se logró desde la zona de Naucalpan de Juárez, Estado de México. Según la información del señor Ávila, el objeto que irradiaba la luz se empezó a desplazar de oriente a poniente. Durante este lapso de tiempo cruzaron por la zona en vuelo de acercamiento al AICM, cuatro aviones, ya que sobre esta zona se encuentra el corredor aéreo de San Mateo. Los aviones eran un ATR-50 de Aeromar, un Boeing 727-200 de Mexicana, un DC-9 de Aerocalifornia y un MD-88 de Aeroméxico. Según el informe, esto sucedió hacia las 7:10 de la noche.

8 DE SEPTIEMBRE DEL 2000
CONTROLADOR AÉREO OBSERVA UN OVNI

El Sr. Enrique Kolbeck, quien tiene más de 20 años como controlador aéreo en el Aeropuerto Internacional de la Ciudad de México, y que por lo tanto es un profesional de la aviación que conoce perfectamente todos los tipos de aeronaves que operan en el citado aeropuerto, describe lo que logró observar el 8 de septiembre del año 2000.

Se encontraba frente a un centro comercial en la zona de Cuautitlán Izcalli, cuando le llamó la atención en el cielo una avioneta Cessna 150 blanca, con franjas azules y vivos amarillos. Aparentemente volaba del aeropuerto de Atizapán hacia Pachuca.

Al seguirla con la vista, logró ver, a unos 1,000 pies arriba de la avioneta, un objeto en forma de platillo, con una especie de domo de apariencia metálica, que se desplazaba aparentemente de Ciudad Satélite hacia el norte franco. La avioneta volaba aproximadamente a unos 2,500 pies y el objeto, según sus cálculos, estaba a unos 3,500 pies. El cielo estaba medio nublado y se podían observar algunas nubes del tipo estrato cumulus. El objeto se desplazaba a una velocidad similar a la de la avioneta y siguió su trayectoria en el cielo hasta perderse de vista. El Sr. Kolbeck afirmó que otra persona también fue testigo del hecho.

12 DE SEPTIEMBRE DEL 2000
OVNI CERCA DE UN AVIÓN MILITAR MEXICANO

Durante un reporte que realizó el señor Miguel Liceta Silva, quien vive en Tampico, Tamaulipas, afirmó que hacia las 12:47 hrs., a la altura de unos 600 metros, logró observar un Objeto Volador en forma de plato de color blanco.

Según su reporte, el citado objeto pasó muy cerca de un avión de reconocimiento militar mexicano (no especificó el tipo de avión). El OVNI, según la información, no fue captado por el radar de la torre de control del aeropuerto de Tampico.

Por su parte el señor Roberto Lugo también afirmó que pudo observar desde la colonia Universidad, también en Tampico, el mismo objeto volador, el cual sobrevolaba la zona de la citada colonia. El objeto tenía un movimiento ondulatorio. Posteriormente se estabilizó a una determinada altura, en los momentos en que se acercaba a la zona el citado avión militar. Según la información del señor Lugo, el avión seguía al parecer en un vuelo de prueba. Posteriormente el OVNI incrementó su velocidad y se dirigió hacia la zona Poniente, disminuyó una vez más su velocidad hasta perderse de vista.

7 DE OCTUBRE DEL 2000
CINCO OVNIS Y UN FOKKER 100
SOBRE CIUDAD NEZA

El señor Guevara, de Ciudad Nezahualcóyotl, que se encuentra al Oriente de la Ciudad de México, logró videograbar, durante una vigilancia del cielo, cinco objetos de apariencia metálica sobre un cielo azul, hacia las 2:30 de la tarde. En dicho video se puede observar el paso de un avión tipo Fokker 100 de Mexicana de Aviación, que según el testigo, volaba de la zona de Puebla hacia la ciudad de México, D.F.

14 DE OCTUBRE DEL 2000
CUATRO AVIONES ATERRIZANDO
UN OBJETO NEGRO SOBRE EL DISTRITO FEDERAL

El Sr. Salvador Guerrero logró videograbar hacia las 7:00 de la noche un objeto de color negro, el cual se encontraba estacionado sobre la zona Oriente de la Ciudad de México. En dicho video se logra observar una tormenta. El objeto se desplaza hacia el Sur de la ciudad. Al mismo tiempo que se ve el OVNI volando a unos 1,000 metros sobre la ciudad, se perciben las operaciones de aterrizaje de cuatro aviones con sus luces de navegación encendidas, la anticolisión y los vicoms. Los aviones fueron: un Boeing 727-200 de Mexicana, un Airbus A-320 de Mexicana, un MD-80 de Aeroméxico y un Boeing 797-200 de Iberia. En la última parte del video, se observa cómo el OVNI se aleja hacia el Norte de la ciudad.

15 DE OCTUBRE DEL 2000
AVIONES, LLUVIA Y OVNIS

A mediados del mes de octubre se recibió el reporte de avistamiento e incluso videograbación de OVNIs, y el sobrevuelo de aviones comerciales mexicanos.

El primero se realizó hacia las 5 de la tarde, cuando varias personas que se encontraban en las inmediaciones de la Calzada Ignacio Zaragoza, a la altura del metro Agrícola Oriental, pudieron observar en el cielo, junto a una nube, un objeto en forma de disco de apariencia metálica, el cual permaneció estático durante unos cinco minutos. Un avión Boeing 757-200 de Aeroméxico, que según uno de los testigos que trabaja en el aeropuerto, volaba de Oriente a Poniente, a una altura aproximada de 10,000 metros, pasó cerca del citado objeto, el cual posteriormente se introdujo en la gran nube y desapareció.

Más tarde el señor Salvador Guerrero, quien hacia finales del año logró videograbar varios Objetos

Voladores No Identificados (OVNIs), junto a aviones comerciales desde las colonias Agrícola Oriental y Morelos, hacia las 7:00 de la tarde y desde la antena de Televisión Educativa, ubicada en la colonia Morelos, videograbó un objeto de color negro, el que se encontraba aparentemente hacia la zona Oriente de la ciudad, sobre las casas que se encuentran cerca del Aeropuerto Internacional.

En el video se pueden observar perfectamente el objeto obscuro y una tormenta que azota la zona. El OVNI se encuentra aproximadamente a unos 1,000 metros del piso. Durante la videograbación, se pueden observar las operaciones de aterrizaje de una serie de aviones comerciales, como son: un Boeing 727-200 de Mexicana de Aviación; un Airbus A-320 de Mexicana de Aviación; un MD-88 de Aeroméxico; un Boeing 747-200 de Iberia. Después del paso del avión español, el objeto se empieza a desplazar hacia la zona del cerro de la Tortuga, adquiriendo mayor altura, hasta desaparecer en el cielo, que ya estaba obscuro. Una semana después el señor Guerrero logró videograbar otro objeto en la misma zona hacia las 2:00 de la tarde. En este video, el OVNI permanece estático para posteriormente elevarse hacia las nubes, efectuando la misma secuencia del caso anterior. Este objeto tenía forma de trompo, giraba sobre su propio eje y era de apariencia metálica, fue observado con binoculares con un cielo despejado y con sol. Este objeto reflejaba los rayos con destellos metálicos.

15 DE OCTUBRE DEL 2000
VIDEOGRABAN CUATRO AVIONES Y DOS OVNIS

El señor Pedro Ávila informó haber logrado videograbar de las 6:00 a las 6:30 de la tarde un objeto de apariencia metálica, el cual se encontraba estacionado a una altura aproximada de 13,000 metros. Durante el tiempo de grabación del citado video, el señor Ávila afirmó que sobre el corredor de San Mateo arribaron hacia la Ciudad de México un avión Boeing 747-400, de British Airways, un Fokker-100 de Mexicana, un Boeing 737-200 de Aviacsa, un Boeing 727-200 de Mexicana y un MD-88 de Aeroméxico. El objeto era de apariencia metálica. En el video se observa cómo los aviones cruzan a un lado del mismo y hacia las 6:30 P.M., se puede observar cómo se cruza otro objeto volador desconocido sobre la zona.

21 DE OCTUBRE DEL 2000
OVNI PLATEADO CERCA DE UN BOEING 757

El Sr. Salvador Guerrero videograbó un Objeto Volador No Identificado de apariencia metálica, que se encontraba estacionado hacia unos 14,000 metros, cerca de unas nubes. A la hora de la videograbación, 6:30 de la tarde, en el video se observa el vuelo de Oriente a Poniente sobre la Ciudad de México, de un avión Boeing 757-200 de Aeroméxico. Después de unos minutos, el objeto se introduce en un banco de nubes, desapareciendo.

2 DE NOVIEMBRE DEL 2000
ESFERA TRAS AVIÓN BIMOTOR

El Sr. N. Pulido realizó una llamada a un programa nocturno de radio en el cual se trataba el tema de los OVNIs, afirmando que en la citada fecha pudo observar hacia las 5:30 de la tarde, con cielo nublado, cómo un avión bimotor que sobrevolaba la ciudad de México, era seguido por un objeto en forma esférica, desplazándose exactamente por la parte posterior del avión y a una altura ligeramente inferior siguiéndolo muy de cerca. (Programa de Radio "Una Luz en el Universo", conducido por Martín Aparicio).

14 DE NOVIEMBRE DEL 2000
PILOTO COMERCIAL REPORTA UN OVNI

El comandante de un avión de AVIACSA reportó a Centro México el avistamiento de un OVNI cuando sobrevolaba el corredor aéreo de San Mateo al norte de la Ciudad de México, el hecho ocurrió hacia las 19:50 de la noche.

La presente nota fue dada a conocer por él Sr. Arturo Albarrán quien afirmó también que tres pilotos más habían reportado a su vez que sus aviones sufrieron fallas en alguno de los sistemas cuando pasaron cerca del OVNI, según el capitán del avión de AVIACSA el OVNI se encontraba a unos 300 pies (90 metros) por debajo de su avión, cuando éste cruzaba sobre la zona en donde se encontraba el OVNI estacionado. Este caso también fue conocido por personal de mantenimiento de la citada línea aérea. En otras ocasiones aviones de esa línea han tenido incidentes con OVNIs, en el espacio aéreo mexicano.

1 DE NOVIEMBRE DEL 2000
OVNI ESTACIONADO SOBRE TLALNEPANTLA

Se logró videograbar un objeto esférico que reflejaba los rayos del sol y que fue observado por varias personas sobre la colonia Viveros de la Loma, en Tlalnepantla, Estado de México. En el video se puede observar el OVNI, en los momentos en que arribaba un avión Boeing 747-400 de la línea aérea alemana Lufthansa, cuando se disponía a aterrizar en el AICM. El sobrevuelo del objeto fue aproximadamente de diez minutos, alejándose a gran velocidad.

16 DE NOVIEMBRE DEL 2000
TRES LUCES PARPADEANTES Y UN AVIÓN

El Sr. Miguel Ángel Velázquez afirmó haber observado desde la zona de Villa de Ecatepec (al noreste de la Ciudad de México) que en la citada fecha, alrededor de las 9:00 de la noche, tres luces que flasheaban por la zona de los volcanes, éstas se encontraban separadas unas de otras, llamando su atención que atrás de ellas se podía observar un avión que al parecer llegaba a la Ciudad de México. Posteriormente las luces se alejaron en diferentes direcciones.

29 DE NOVIEMBRE DEL 2000
OBJETO ALARGADO SOBRE LA VILLA

A las 5:56 de la tarde se observó y videograbó un objeto alargado de color blanco, el cual volaba sobre la zona de La Villa, al norte de la ciudad. Según los testigos el citado OVNI se desplazaba de poniente a oriente, a una velocidad moderada; asimismo en el video se puede observar a un avión que sobrevolaba la ciudad, al parecer en vuelo de acercamiento al aeropuerto.

2 DE DICIEMBRE DEL 2000
CUATRO OVNIS SOBRE LA CIUDAD,
A UNA ALTURA DE 13,000 METROS

A las 2:20 de la tarde, con cielo despejado, la señora Vicky Méndez y el señor Pedro Ávila observaron y videograbaron cuatro objetos de apariencia metálica, los cuales estaban sobre el Cerro del Chiquihuite y se desplazaban de norte a sur de la ciudad.

El avistamiento y video duró siete minutos y los objetos se dirigieron hacia la zona del Cerro del Ajusco; la altura a la que se desplazaban dichos objetos era de unos 13,000 metros aproximadamente, según calculó el señor Ávila, quien ya ha videograbado OVNIs y aviones en diversas ocasiones y ha aprendido a calcular la altura de los mismos, al conocer las alturas a las que vuelan los aviones de línea en las aerovías. En el video se puede observar un avión Boeing

757-200 de Aeroméxico, el cual arribaba a la Ciudad de México.

10 DE DICIEMBRE DEL 2000
ESFERA DE "MERCURIO", CERCA DE DOS AVIONES

El domingo mencionado, el Sr. P.B. observó un objeto de forma esférica, como de "mercurio", subiendo y moviéndose hacia la zona sur de la Ciudad de México. Asimismo, observó un avión comercial que cruzaba de oeste a este y posteriormente un jet más pequeño. Este segundo avión volaba de sur a norte y también cruzó cerca de la esfera. El OVNI empezó a elevarse después del paso del segundo avión, hasta perderse de vista. El avistamiento fue a las 2:30 de la tarde, con cielo despejado y soleado.

LUZ ROJA SOBRE EL AEROPUERTO

Éste es el último avistamiento del año 2000 y por ello representa gran importancia: fue detectado por el Sr. Pedro Ávila. Reportó haber observado y videograbado un objeto de luz roja que se encontraba sobre la zona del aeropuerto. Asimismo, afirmó que en el mismo video se logra observar un avión, pasando cerca del OVNI. Dicho avión se preparaba para aterrizar. El hecho fue registrado desde la zona de Tlalnepantla, Estado de México, hacia las 8:30 de la noche.

15 de julio del 2000, durante el vuelo de acercamiento de un Airbus A-320 de Mexicana, se logró videograbar un objeto negro estacionado en el cielo hacia las 7:02 de la tarde.

El 15 de julio del 2000 un objeto negro en forma de hongo sobrevoló la ciudad en los momentos de aterrizaje de un Boeing 747-400 de la Línea Aérea Holandesa KLM.

¿Hacia un reconocimiento oficial? 291

Cortesía de Pedro Ávila.

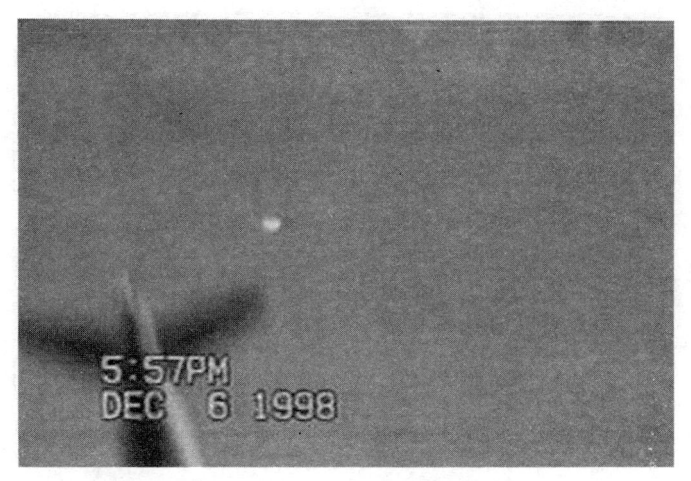

Cortesía de Pedro Ávila.

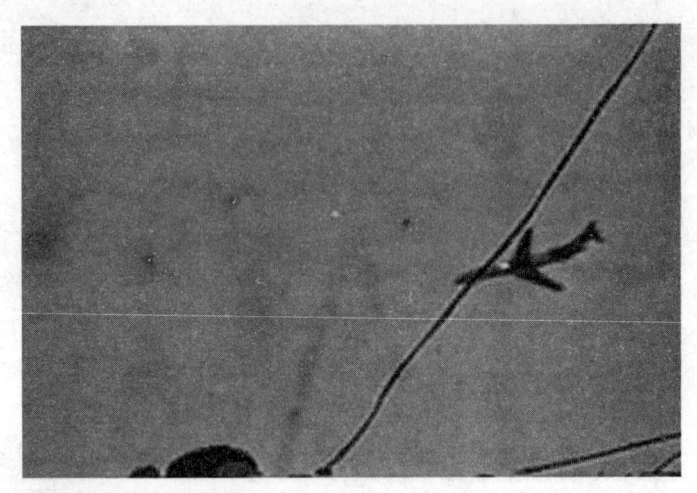

292   Los OVNIs y la Aviación Mexicana

Cortesía de Pedro Ávila.

Cortesía de Pedro Ávila.

Parte II
Los Militares y los OVNIs

Los OVNIs y la Fuerza Aérea Mexicana

DOUGLAS C-54 DE LA FUERZA AÉREA MEXICANA SEGUIDO POR UN OVNI

La siguiente información fue dada a conocer por un mecánico de aviación retirado del Servicio de la FAM (FUERZA AÉREA MEXICANA): el caso sucedió a mediados de la década de 1960 según el testigo quien no autorizó dar su nombre, no así el nombre del capitán piloto aviador que piloteaba el avión, el capitán N. Núñez Treviño.

Según el testigo, en esa época y hasta mediados de la década de 1980, se utilizó este tipo de avión, cuatrimotor de hélice, de fabricación norteamericana, fabricado por la compañía McDonnell Douglas, y del modelo que utilizaba la Fuerza Aérea Mexicana. Se contó con una docena aproximadamente en México durante su vida útil al servicio de la Fuerza Aérea Mexicana; el avión citado en el encuentro con el OVNI se utilizaba para realizar vuelos a Texas y otras ciudades, y efectuar compras de material de diversos tipos para la institución militar. En otras ocasiones traer refacciones aéreas; en otras tareas se le utilizaba para realizar vuelos con paracaidistas del Ejército.

El vuelo salió de la base aérea principal de la Fuerza Aérea Mexicana (Base Aérea de Santa Lucía), ubicada al Norte de la ciudad, en el Estado de Hidalgo. Hacia las 2 de la tarde, según el vuelo en el cual debía de volar sobre las aguas del Golfo de México, atrás de un huracán, yendo en ruta hacia Texas, miembros de la Fuerza Aérea Mexicana, entre ellos el mecánico que relató esta historia, fueron informados por el piloto que observaran por una de las ventanillas del lado derecho, la presencia de un objeto de apariencia metálica y de forma de plato, el cual volaba a la par del avión carguero militar mexicano C-54, a unos 1,000 metros del avión.

Los miembros de la tripulación y los pilotos lograron observar al OVNI, que los acompañó casi hasta que el avión aterrizó en los Estados Unidos. Tanto los miembros de la tripulación, así como los pilotos, acordaron no hablar del incidente, para evitar alguna clase de sanción de sus superiores, y sólo el mecánico citado se animó a contar aquel incidente por los años transcurridos y sólo a otro mecánico de aviación.

OVNIS DURANTE LA FILMACIÓN DE LA PELÍCULA "ALAS DORADAS"

Durante el año de 1972, la productora fílmica Conacite Dos, rodó en el Estado de Jalisco, para ser precisos en el Colegio del Aire de Zapopan, la película *Alas Doradas*, estelarizada por los actores Valentín Trujillo, Arsenio Campos, Rebeca Silva y Arturo Noriega.

La trama de la película se basa en el camino que tienen que recorrer los cadetes del Colegio del Aire, para lograr obtener sus alas de piloto aviador de la FAM, y así graduarse.

Durante la filmación de dicha cinta se realizaron tomas de diferentes tipos de aviones con los que contaba la Fuerza Aérea Mexicana en esos días, pudiéndose observar entre otros aviones, los Lookeed T-33, los North American AT-6 (este fue el avión que en mayor número contó la Fuerza Aérea Mexicana en toda su historia), los Douglas C-54, los North American T-28, los IAI Arava, los Douglas C-47 y un helicóptero del tipo Bell 212.

En el transcurso de una toma que se realizó en el campo, durante una pasada de ametrallamiento, el camarógrafo que la realiza desde el suelo hacia el cielo, en un cuadro se aprecia perfectamente un objeto suspendido en el cielo, éste es de apariencia metálica de forma esférica y se aprecia perfectamente sobre el fondo azul del cielo.

En otra de las tomas realizadas durante las maniobras de los aviones del tipo North American AT-6, de la Base Aérea de Zapopan, Jalisco, en las que participaron los aviones números 712, 757, 781 y 782, los cuales realizaban maniobras de borraseo (volar a la más mínima altura, casi al ras del suelo y ametrallar el piso), maniobras de intercepción uno tras otro, se lograron tomas desde el piso y en una de ellas se observa perfectamente cuando uno de los aviones, al realizar un descenso en picada y al seguir el vuelo del avión, la cámara logra enfocar dentro del cuadro un objeto de apariencia metálica de forma esférica, el cual permanece estacionado hacia la parte inferior izquierda de la toma, pudiéndose observar perfectamente la diferencia de forma entre el avión y el OVNI estacionado con el fondo azul del cielo.

En otras dos tomas que se realizaron desde la cabina de un avión de fabricación israelita, del tipo IAI Arava (avión bimotor, diseñado para transporte de tropas carga y pertrechos militares, capaz de ser artillado para la utilización de lucha antiguerrilla, con góndolas de armas de 20 mm), durante la operación de ayuda real a la población del Estado de Nayarit, durante las inundaciones que se registraron durante ese año: en la primera toma se aprecia, hacia la izquierda superior de la ventanilla frontal derecha, un gran objeto de forma ovoide de color blanco que resalta a la vista durante aproximadamente 5 segundos, cuando sobrevuelan una zona habitada inundada; en la segunda toma aparece el mismo escenario, pero el objeto se aprecia hacia la derecha del avión a la misma altura, dicho objeto se puede observar de grandes dimensiones y aparece estacionado sobre la zona de desastre.

La primera información que se tuvo sobre la filmación accidental de OVNIs durante la realización de dicha cinta, dirigida por Don Gregorio Warstein, se tuvo a través de un señor que trabajó en el equipo técnico.

Según sus palabras, al hacer la revisión de las tomas aéreas se percataron de la presencia de los OVNIs. Según este técnico del cine, la Fuerza Aérea Mexicana solicitó una copia de la película para conservarla en sus archivos, la cual fue entregada por la productora fílmica.

CACERÍA DE UN OVNI ESPECTACULAR PERSECUCIÓN REALIZÓ LA FUERZA AÉREA MEXICANA

Así era el título del artículo realizado por el periodista Julio Villarreal en el periódico *La Prensa*, del 29 de noviembre de 1978.

El informe daba a conocer que la noche anterior un Objeto Volador No Identificado (OVNI), con forma de "platillo volador, había sido avistado hacia la zona sur de la Ciudad de México" por habitantes de la Colonia del Valle.

Entre los cientos que cita la nota y que fueron testigos de la persecución, la señora María de Jesús Medina de Benítez, su cuñada María Alicia Miranda y el señor Lauro Medina, observaron la operación de intercepción por parte de aviones de la Fuerza Aérea Mexicana.

Al filo de las 19:45 de aquel lunes, los tres testigos abordaron un taxi entre las calles de Baja California y Medellín, cuando el conductor del mismo taxi les hizo alusión del OVNI que se encontraba estacionado en el cielo.

Según los testigos, el OVNI presentaba forma de plato con ventanillas y luces de colores, que giraban con relativa velocidad y no se escuchaba ningún ruido; los testigos fueron llevados hasta la unidad habitacional de Villa Olímpica y desde un edificio de cuatro pisos observaron cómo el OVNI se desplazaba a gran velocidad hacia el sur de la ciudad; asimismo vieron con asombro que nueve aviones llegaron a la zona en actitud de buscar al OVNI, dirigiéndose hacia el sur.

Los testigos temieron que los aviones llegaran a tener un choque en el aire (debemos decir que en aquel año sólo los aviones de tipo Lookheed T-33, aparatos a reacción subsónicos y con capacidad de portar cañones de 20 mm, podrían efectuar una misión de este tipo despegando desde su base —Santa Lucía—, ubicada sobre la carretera a Pachuca al norte de la Ciudad de México. Dicho escuadrón es el 202 de pelea y en ese año sí estaba un número parecido estacionado en la citada base).

En el mismo artículo se hace referencia a ciertas declaraciones hechas por la Dirección General de Aeronáutica Civil, quienes afirmaron que durante esos días una avioneta sobrevoló la ciudad de México con un anuncio luminoso.

La citada avioneta, según informes, estaba pintada de negro. En el artículo se le preguntaba a la Dirección General de Aeronáutica Civil el por qué a esa hora, durante el avistamiento del citado OVNI, nueve aviones sobrevolaron la capital azteca en busca de algo que se encontraba sobre la ciudad.

Es importante destacar que todos los datos concuerdan: en ese año una avioneta voló sobre la ciudad de México, anunciando a una agencia automotriz, pero esto fue sobre Ciudad Satélite, hacia el lado contrario de donde se realizó el citado avistamiento, y en aquella ocasión la avioneta estaba pintada de blanco, con el anuncio luminoso a los lados del fuselaje y voló sólo unos días.

En el caso del multicitado OVNI, éste tenía luces de colores y se podían observar ventanillas iluminadas; sí despegaron 9 aviones reactores del tipo T-33 de la base de Santa Lucía para interceptar al OVNI.

Estamos hablando del mejor caso de intercepción de un OVNI sobre espacio aéreo mexicano, léase Ciudad de México por aviones de la Fuerza Aérea Mexicana.

16 DE SEPTIEMBRE DE 1980
OBJETO DISCOIDAL NEGRO CERCA DE UN
ESCUADRÓN DE TURBOCOMANDERS DE LA FAM

Aquella mañana un grupo de personas se encontraba observando el paso de los aviones militares de la Fuerza Aérea Mexicana en la azotea de su casa, ubicada en la colonia Anáhuac.

Uno de los jóvenes de nombre Alejandro Guízar, logró observar entre las nubes un objeto de forma discoidal de color negro, el cual se encontraba semioculto en un banco de nubes que cubrían parcialmente el cielo capitalino.

Alejandro traía consigo una cámara fotográfica para obtener algunas fotos de los aviones, y durante el paso de un escuadrón de 8 naves bimotores del tipo Rockwell Shrike Commander 500S, correspondientes al 5º Grupo Aéreo (aviones camuflajeados en esquema verde obscuro, verde selva y color canela), éstos cruzaron volando cerca del banco de nubes en donde se encontraba el objeto.

Posteriormente, al revelar el rollo, pudo observar en la fotografía tanto al OVNI semiescondido entre las nubes, como al escuadrón de aviones turborreactores de la FAM.

Para Alejandro Guízar y sus amigos, que observaron aquel objeto, éste no era otra cosa más que un OVNI, que estuvo suspendido durante las operaciones aéreas de los aviones militares sobre la Ciudad de México.

OVNI ESCOLTA A UN AVIÓN IAI ARAVA

El siguiente caso fue relatado por el mecánico de aviación exmiembro de la Fuerza Aérea Mexicana Luis Guillermo Murillo, quien accedió a relatar su experiencia:

La misma tuvo lugar el 23 de noviembre de 1988, sobre el espacio aéreo del Estado de Sinaloa, cuando realizaban un vuelo de rutina entre las poblaciones de Culiacán hacia Badiraguato; la hora del incidente: 14:30 hrs.

El avión carguero había despegado del Aeropuerto de Culiacán y después de unos minutos de vuelo la tripulación, piloto y copiloto, llamaron al mecánico Guillermo Murillo y demás personal aéreo que viajaba en el avión Arava, para indicarles que observaran un objeto luminoso, que se desplazaba hacia las 3 de la posición del avión (tomando como referencia un reloj, en aviación se considera: de frente al avión serían las 12, a la derecha serían las 3, hacia abajo las 6 y hacia la izquierda las 9).

El objeto era luminoso y el capitán solicitó información sobre el tráfico desconocido con el radarista de la torre de control de Culiacán. Se le informó afirmativamente: la torre detectaba la presencia de un tráfico desconocido a las 3 de la posición del avión militar mexicano.

Intempestivamente el objeto desaparece tanto visualmente como de la pantalla del radar y, pasados unos segundos, aparece nuevamente hacia la posición de las 10 (abajo a la izquierda del Arava). Segundos más tarde el objeto luminoso vuelve a desaparecer para no ser visto más.

Según el mecánico Murillo aquel objeto irradiaba gran luminosidad, aún siendo de día. El tiempo de avistamiento duró aproximadamente 30 segundos y todos dentro del avión militar mexicano lograron observar al OVNI. Al aterrizar en Badiraguato no se informó ni por los pilotos ni por los miembros de la tripulación sobre el incidente con el OVNI, no así en la torre de control de Culiacán, donde quedó la conversación del piloto del Arava con el controlador aéreo, que al parecer no realizó ningún informe del hecho.

ESCUADRÓN DE T-33 SE CRUZA CON UN OVNI

Las informaciones sobre avistamiento de OVNIs, durante las operaciones aéreas de aviones militares mexicanos, durante los desfiles del 16 de septiembre de varios años, se han venido sumando consecutivamente. La siguiente información fue dada a conocer por el Sr. Nájera, quien es fotógrafo profesional, y que cada año subía a la Torre Latinoamericana para lograr las mejores tomas de los aviones en vuelo.

Menciona que durante el desfile correspondiente a 1989, logró tomar un rollo de fotografías de varios tipos de aviones que sobrevolaban la Ciudad de México; en especial una de las fotografías le llamó la atención, ya que en ella se puede observar un escuadrón de aviones del tipo Lookeed T-33, pertenecientes al Escuadrón de Pelea 202, los cuales se desplazaban sobre la ciudad. Esa mañana estaba nublada. En la toma se aprecia, hacia la parte del fondo, un cerro (al parecer es el cerro del Cajete, ubicado hacia el Oriente de la ciudad). Tomando como referencia el citado cerro, los aviones deberían estar volando sobre la zona del Palacio de los Deportes, pero en la misma se aprecia un objeto que, por la velocidad que llevaba, se observa barrida la imagen muy cerca de los aviones y con una trayectoria opuesta al escuadrón.

En el negativo de la foto se observa el mismo barrido, indicando que el Objeto Volador No Identificado estaba volando a esa misma hora cerca de los T-33. Ni el fotógrafo ni las personas que se encontraban en el edificio observaron nada anormal.

Esto indica que desde desfiles aéreos anteriores a 1990 ya se habían recabado pruebas visibles del sobrevuelo de OVNIs, cerca de aviones militares mexicanos.

16 DE SEPTIEMBRE DE 1990 OVNIS EN EL DESFILE AÉREO, LOS DETECTÓ EL RADAR

Durante el desfile aéreo realizado para conmemorar la Independencia de México, se detectaron Objetos Voladores No Identificados sobre la zona del Zócalo capitalino, e inclusive se sabe, dentro del medio aeronáutico, que pilotos de la Fuerza Aérea Mexicana los habrían observado, describiéndolos como "luces" y, según datos de personal de la misma, dichos objetos se reportaron tanto a la Base de Santa Lucía como entre las diferentes escuadrillas de aviones que desfilaron sobre la Ciudad de México.

16 DE SEPTIEMBRE DE 1991
DOS DISCOS NEGROS CERCA DE 12 AVIONES T-33

Durante el desfile aéreo militar que se realizó en esta fecha, miles de personas pudieron observar las evoluciones de diferentes tipos de aeronaves que cruzaban el espacio aéreo mexicano.

El señor Bernardo S. Mendoza se encontraba a un costado de la Catedral Metropolitana, atento al Desfile Militar y al paso sobre el zócalo capitalino de los aviones de la Fuerza Aérea Mexicana. Ese día estaba medio nublado, pero había sol y se veían algunas partes del cielo despejadas.

El señor Mendoza llevaba una cámara de 35 mm para tomar algunas fotografías de los diferentes contingentes, tanto aéreos como del Ejército y de la Marina, centrándose su interés especialmente en los aviones. Al revelar el rollo, se percató de que en una fotografía, que le tomó a un escuadrón de aviones T-33s de entrenamiento (aviones reactores biplaza de fabricación norteamericana), se podían observar dos objetos obscuros, uno al parecer a mayor altura que el primero que aparece en la foto. Los objetos en cuestión son de forma circular y se encuentran a la misma altura que los aviones T-33s. Como referencia, en dicha fotografía se pueden observar dos cúpulas de la Catedral Metropolitana y un cable de energía eléctrica en la parte superior izquierda. Según el señor Mendoza él no observó nada anormal en el cielo durante el paso de los aviones militares mexicanos, dándose cuenta de la presencia de los Objetos Voladores No Identificados (OVNIs) hasta que se reveló el rollo.

ENCUENTRO DE UN F-5 TIGRE DE LA FAM CON UN OVNI

El siguiente caso sucedió en agosto de 1992. Hacia las 4 de la tarde despegaron desde la base aérea de Santa Lucía (base aérea principal de operaciones de la Fuerza Aérea Mexicana), dos aviones supersónicos de tipo Northtrop F-5E Tigre del Escuadrón 401 "Caballeros Tigre". La misión a realizar era un vuelo de maniobras, uno de los pilotos era el capitán D.C., del otro se desconoce el nombre.

Los aviones realizarían maniobras en las que tenían que hacer movimientos sobre sus ejes longitudinal, transversal (cabeceos, alabeos), ascensos y descensos. Hacia las 4:05 de la tarde el citado capitán realizó una maniobra de ascenso, teniendo hacia atrás el sol. En ese momento descubrió un objeto que se encontraba arriba del avión F-5 y que lo seguía. Aquel objeto irradiaba una intensa luz que deslumbró al piloto. El capitán movió la cabeza hacia abajo. Para este momento el F-5 ascendía en la maniobra realizada; llamó la atención del piloto que al tener la vista al frente el F-5 volaba recto y nivelado, buscó al OVNI visualmente no volviéndolo a localizar. Pasaron varios minutos, los dos aviones se unieron y regresaron a la base aérea de Santa Lucía. Según la persona que tuvo acceso al caso y quien habló directamente con el capitán ya citado, se rindió un informe por escrito de la misión, citando el encuentro con el OVNI.

Escuadrón 402, Fuerza Aérea Mexicana, "Caballeros Tigre".

Base aérea: Santa Lucía, Estado de México.

Velocidad del avión: 1,742 km/h.

Armamento: 2 cohetes Widewinder, 2 cañones de 20 mm.

Techo de servicio: 12,000 metros de altura.

16 DE SEPTIEMBRE DE 1992
OBJETO ROJO SOBRE
LA CIUDAD DURANTE EL DESFILE

Durante las evoluciones que realizaron diferentes tipos de aeronaves de la Fuerza Aérea Mexicana aquella fría mañana, en el Desfile Militar que conmemoraba un año más de la Independencia Mexicana, el señor Al Salmén se encontraba tomando fotografías desde la Avenida 20 de Noviembre, hacia las 11:30 horas. Logró obtener una foto de aviones T-33, correspondientes al Escuadrón 202, de la Base Aérea de Santa Lucía.

En dicha fotografía se ven nueve jets sobre un cielo totalmente nublado y en la parte superior de los aviones se observa un objeto esférico de color rojo, el cual al parecer se encuentra a mayor altura que los aviones. El señor Salmén acude desde hace varios años al Desfile Militar, al centro de la ciudad, para fotografiar aviones militares.

Afirmó que en otra ocasión, también durante un desfile del 16 de septiembre, observó junto con otras personas, desde la Torre Latinoamericana, un objeto esférico de apariencia metálica, que se encontraba evolucionando sobre la zona de la colonia Jardín Balbuena. El objeto en cuestión, según el señor Salmén, empezó a tomar altura a una velocidad mayor a la de las aeronaves, y se introdujo en un banco de nubes.

INTERCEPCIÓN OVNI POR F-5 DE LA FAM

El Sr. Marcos Bolaños, quien vive en la zona de la colonia Ojo de Agua, que se encuentra muy cerca de la base aérea de Santa Lucía, afirmó que hacia las 11:30 de la mañana del 13 de septiembre de 1993, pudo observar desde la azotea de su casa, un objeto de forma esférica, de apariencia "de plata", que se encontraba hacia el Norte de dicha base aérea mexicana. El tiempo era claro con el cielo azul; el objeto realizaba movimientos ondulatorios, a una altura de unos 4,000 metros aproximadamente. En esos momentos, un escuadrón de aviones del tipo F-5 Tigre de la Fuerza Aérea Mexicana, realizaba un vuelo posiblemente de entrenamiento.

Al parecer, los aviones fueron informados por la torre de control de la base aérea sobre la presencia del OVNI, y según el Sr. Bolaños, los aviones se dirigieron hacia el Objeto Volador No Identificado para tratar de interceptarlo. El OVNI incrementó su velocidad a más del doble de los aviones de combate, dejándolos atrás. Según el Sr. Marcos Bolaños, los aviones regresaron en semicírculo hacia la base aérea y el OVNI regresó a la zona donde estaba estacionado originalmente, situación por la cual los F-5 realizaron una segunda frustrada operación de intercepción.

En esta ocasión el OVNI se alejó a gran velocidad hacia el norte de la base aérea y posteriormente los aviones aterrizaron en la base.

El Sr. Bolaños logró videograbar ambas operaciones de intercepción. Cabe mencionar que en otra ocasión, el Sr. Bolaños ya había logrado videograbar una operación similar, realizada por un solo avión.

ESCUADRÓN DE AVIONES PC-7 PILATUS Y UN OVNI

Durante la parada aérea del 16 de septiembre de 1993, fecha en que se celebra la Independencia de México, un videoaficionado logró videograbar el vuelo de un escuadrón de aviones del tipo PC-7 Pilatus de la Fuerza Aérea Mexicana, los aviones antiguerrilla realizaban un sobrevuelo en la zona poniente de la ciudad. En el mismo video se puede observar claramente en la parte inferior de la toma, un objeto de apariencia metálica, de forma esférica. En primera instancia se encontraba estacionado y posteriormente se empezó a desplazar hacia la zona oriente de la ciudad. El escuadrón de aviones Pilatus PC-7 sigue su vuelo sin desprenderse de la formación ningún avión.

Extraoficialmente se sabe que algunos pilotos de los 16 aviones lograron observar al OVNI y solicitaron informes a la torre de control, negándoles que existiera algún tráfico aéreo en la zona, ya que durante la parada aérea militar de todos los desfiles, el Aeropuerto Internacional de la Ciudad de México se cierra a la navegación aérea civil.

En el video se puede observar que el OVNI se desplaza libremente. Si se hubiese tratado de un globo, éste no hubiese tenido la velocidad que se aprecia en el video.

Suponemos que es la primera vez que se logra en México una cinta de video en la cual aparecen tantos aviones militares mexicanos en vuelo y en la misma toma se observa de cerca un OVNI.

La capacidad e instrucción de los pilotos militares mexicanos está muy arriba de otras naciones, y esa mañana, durante las operaciones aéreas del escuadrón, los acompañó un OVNI en el espacio aéreo de la Ciudad de México.

Los aviones Pilatus PC-7 son de fabricación suiza.

16 DE SEPTIEMBRE DE 1993
FOTOGRAFÍA DE UN ESCUADRÓN DE F-5
Y PLATO VOLADOR

En una fotografía inédita tomada por un policía de vigilancia desde una fábrica hacia el Norte de la Ciudad de México, se puede observar un escuadrón de aviones Nortrhop F-5 Tigre II, del Escuadrón 401 de la Fuerza Aérea Mexicana, los cuales sobrevolaban la ciudad durante la parada aérea en conmemoración de la Independencia de México.

En esa fotografía se observa la formación de nueve aviones y en la parte superior izquierda aparece también un objeto en forma de plato color negro, que al parecer se encontraba estacionado sobre la zona en donde se logró la fotografía, misma que fue dada a conocer en las informaciones de televisión que se realizaron teniendo como tema los OVNIs.

OVNI SE CRUZO CON DOS
ESCUADRONES DE HELICÓPTEROS DE LA FAM

Durante la parada militar aérea del 16 de septiembre de 1994, cuando dos escuadrones de helicópteros de la FAM, volando en formación, los escuadrones estaban formados por helicópteros del tipo Bell 212, con capacidad de transporte de tropas y artillado con ametralladoras.

El otro escuadrón estaba formado por helicópteros MD-530, aeronaves de ataque y reconocimiento artilladas.

Durante la pasada de dichos helicópteros sobre la zona norte de la ciudad, un videoaficionado logró una toma del contingente aéreo y en la misma se puede apreciar un objeto de forma esférica de apariencia metálica.

Dicho objeto cruza de izquierda a derecha, viéndose de frente el video; la distancia entre el objeto volador y los helicópteros es de aproximadamente 500 metros, el tiempo era bueno con visibilidad de un 95% con cielo despejado y sol; según información, el OVNI fue visto por varias tripulaciones de los helicópteros militares mexicanos.

Dentro de los casos de encuentros de aeronaves con OVNIs y tomando en cuenta que eran aeronaves de ala rotatoria (helicópteros), en ninguna parte del mundo se había logrado un video en donde aparecieran tantos helicópteros y un OVNI en la misma toma.

Desde el 16 de septiembre de 1995 y a raíz de un lamentable accidente aéreo, se canceló la parada aérea sobre la Ciudad de México.

16 DE SEPTIEMBRE DE 1994
ESCUADRÓN DE HELICÓPTEROS BELL 212
CERCA DE OBJETO FUSIFORME

El 16 de septiembre de 1994, el Sr. Jorge Orduña subió a la azotea de su casa para tratar de obtener fotografías de los aviones y helicópteros que participarían aquella mañana, con motivo del Desfile Militar tradicional para conmemorar la Independencia de México. Según su relato obtuvo, durante aproximadamente una hora, varias fotografías de las aeronaves militares. Al terminar el desfile se dispuso a realizar otras cosas y guardó el rollo fotográfico para posteriormente mandarlo revelar.

Grande fue su sorpresa cuando recibió las fotos, ya que en una de ellas, que correspondía al sobrevuelo de un escuadrón de helicópteros de fabricación norteamericana del tipo Bell-212, se pueden apreciar 7 helicópteros en formación y el rotor de un octavo; como nota adicional estos helicópteros presentan el camuflaje de combate que los identificó durante muchos años.

En la fotografía tomada alrededor de las 11 de la mañana se puede apreciar que el tiempo era nublado, pero lo que llama la atención es que entre los helicópteros se aprecia un objeto de apariencia de plato, el cual se encuentra atrás de los tres primeros helicópteros. Dicho objeto se observa difuso y es de color negro. Según el testigo y autor de la foto, durante el paso de los helicópteros sobre su casa, que se encuentra en la segunda sección de la Colonia Aragón, al norte de la Ciudad de México, él no observó nada anormal o diferente a los helicópteros en el cielo.

También en el negativo de la foto se aprecia perfectamente la imagen del OVNI, lo que nos prueba que durante varios desfiles aéreos en la Ciudad de México, el encuentro de éstos con aviones militares mexicanos ha sucedido durante varios años sobre los cielos aztecas.

ENCUENTRO DE DOS AVIONES IAI ARAVA CON UN OVNI

Según plática que se realizó con un miembro de la Fuerza Aérea Mexicana, un mecánico de aviación cuyas iniciales son A.A., en el año de 1994, al realizar un vuelo de revisión de dos aviones del tipo IAI ARAVA, de fabricación israelí, pertenecientes a la milicia mexicana, en uno de los cuales viajaba el mecánico, se probaba el sistema de tubo Pitot (medidor de diferencias de presiones internas y externas del avión).

Después de varios minutos de vuelo, el capitán preguntó al copiloto qué era aquél objeto que volaba junto al avión (según el reporte del mecánico, el OVNI volaba al lado izquierdo), a unos cientos de metros. El copiloto respondió que no sabía, que no se asemejaba a ningún avión (según el reporte, el OVNI era de apariencia metálica y volaba a la par de los dos aviones Arava).

Se comunicaron por radio con el segundo avión y preguntaron a la tripulación si tenían contacto visual con el OVNI, a lo que respondieron afirmativamente. Los capitanes de los dos aviones se comunicaron con la torre de control de la base aérea de Santa Lucía y se pidieron instrucciones de lo que tenían que hacer.

Se autorizó a seguir al OVNI y sólo el segundo de los aviones trató de seguirlo. Los aviones militares mexicanos en esos momentos volaban sobre la zona de Tecamac, Estado de México. Se sabe que al regresar a la base aérea Santa Lucía se rindió un informe del hecho.

Los dos aviones, según informe del mecánico de la FAM, pertenecían al 9º. Grupo Aéreo, Escuadrón 208, con base en Santa Lucía, Base No. 1 de la Fuerza Aérea Mexicana.

F-5 DE LA FAM TIGRE INTERCEPTA A UN OVNI

Según información proporcionada por el Sr. A. existió una intercepción realizada en México, por un avión supersónico mexicano que efectuó la misión.

A mediados del mes de diciembre de 1995, se dio la salida en Scramble (misión de intercepción), a un avión Northop F-5 Tigre del Escuadrón 401 de la Fuerza Aérea Mexicana, estacionado en la base aérea de Santa Lucía, ubicada al Norte de la Ciudad de México.

La misión se debió, según el informe del Sr. A. a que el radar de la citada base detectó la presencia de un Objeto Volador No Identificado cerca de la base, inmediatamente un avión supersónico F-5 (1,742 k/h) despegó para tratar de identificar al OVNI, el avión caza estaba armado con dos misiles aire-aire del tipo Sidewinder y de dos cañones de 20 mm.

Este avión era pilotado por el capitán A. V.; el avión siguió durante varios minutos al OVNI sobre espacio aéreo mexicano, al parecer cruzaron los estados de Hidalgo y de Querétaro.

El OVNI aumentó su velocidad hasta dejar muy atrás al avión mexicano. El piloto se mantuvo en todo momento en comunicación con su base y logró video-grabar desde la cabina de su avión toda la operación de intercepción.

El video según el Sr. A., fue requisado al regreso del F-5 a su base. No nos fue proporcionada la información ni del tiempo de duración de la intercepción, ni si la misión se realizó de día o de noche, pero cabe mencionar que el Sr. A. está en comunicación constante con personal aéreo militar, ya que tiene más de 20 años en el ambiente militar.

CITATION INTERCEPTA UN OVNI

Durante la estancia que tuvo personal aéreo de Cancún, durante el mes de mayo de 1996, con motivo de una reparación a un avión de línea, tuvieron acceso a la información de personal de plataforma de que, a principios del mes, se detectó en la torre de control de dicho aeropuerto la presencia de un Objeto Volador No Identificado, el cual se encontraba sobre el puerto.

Inmediatamente se dio la salida a un avión del tipo Cessna Citation, avión birreactor. Se informó a la tripulación de la posición del OVNI, comenzando una persecución; la tripulación tuvo desde el despegue contacto visual con el objeto, describiendo que era diferente a cualquier aeronave y que presentaba una apariencia metálica y forma de plato.

El avión comenzó una persecución que duró varios minutos, tratando de darle alcance sin resultado alguno. Según la información, la tripulación, al regresar a Cancún, rindió un informe escrito sobre la operación aérea. Tanto los técnicos en aviación como el personal de plataforma que tuvieron conocimiento del hecho son personas serias que cuando conocen casos relacionados con OVNIs les dan gran importancia.

AÑO DE 1996
CASO MILITAR

Según información dada por el Sr. Marcos Ortega, quien vive muy cerca de la Base Aérea Militar de Santa Lucía, él junto con varios amigos han observado el sobrevuelo de esferas voladoras cerca de la Base de día, y de luces raras en el cielo de noche, y en varias de estas observaciones han visto despegar en vuelo de intercepción a los aviones supersónicos de combate F-5 Tigre, del Escuadrón 401 de la Fuerza Aérea Mexicana, para seguir a estos Objetos Voladores No Identificados.

8 DE ENERO DE 1997
ESFERA AÉREA ES OBSERVADA
POR LA TRIPULACIÓN DE UN TURBOCOMANDER

La tripulación de un avión Turbocomander, el cual realizaba las operaciones de despegue del aeropuerto de Guadalajara, Jal., informó que pudieron observar un objeto de apariencia metálica, el cual se encontraba al lado derecho del avión sobre los pastizales del aeropuerto, y que cuando pasaron a un lado ya para despegar, la esfera se elevó a gran velocidad; tanto la tripulación como los técnicos y controladores aéreos del aeropuerto lograron observar al OVNI y mantuvieron comunicación con la tripulación del Turbocomander. El avistamiento sucedió hacia las 2 de la tarde.

14 DE FEBRERO DE 1999
TRES OVNIS MÁS UN C-130 HÉRCULES

Durante la exhibición aérea realizada ese día, en el Puerto de Acapulco, en la cual diversas empresas aéreas, tanto de México como de otros países, presentan sobrevuelos de las diferentes aeronaves en que se dan a conocer los adelantos aeronáuticos, incluyendo helicópteros, se reportó el avistamiento por parte de asistentes de tres objetos de color negro, volando sobre la zona, durante el vuelo de un avión de transporte del tipo Lookheed C-130 Hércules, de la Fuerza Aérea Mexicana y que sobrevolaba la Bahía de Acapulco.

Hacia las 14 horas, la concurrencia observaba las maniobras del citado avión; del mismo fusileros paracaidistas efectuaban sus saltos.

Cuando la nave pasaba sobre el mar, frente a la bahía de Punta Diamante, se logró observar a tres objetos de color negro, que se dirigían en dirección contraria del C-130 Hércules. El avión volaba en línea sobre la costa de oriente a poniente y los tres objetos negros iban de tierra hacia el mar, según la versión de los testigos.

Los objetos se perdieron de vista hacia el mar abierto, a unos 300 metros frente al avión. Según versión de uno de los testigos, un joven logró obtener video del incidente. El tiempo era claro, con sol. Al concluir las maniobras de paracaidismo el avión C-130 Hércules de la FAM aterrizó en el puerto de Acapulco.

15 DE AGOSTO DE 1994
TAMBOR VOLADOR SOBRE EL MAR

Según información dada a conocer por el capitán P.A. E.S., quien tiene más de 20 años dentro del medio aeronáutico, un amigo suyo le platicó un incidente ocurrido cuando volaba como piloto de un avión Grumman Albatros de la Armada de México.

Según el relato, durante un vuelo diurno, el citado piloto naval, junto con su tripulación, cuando realizaban un vuelo de vigilancia sobre el Golfo de México, lograron observar un Objeto Volador en forma de tambor, mismo que se encontraba estacionado a unos 5,000 metros aproximadamente sobre el mar y a unas millas de distancia de la costa.

Según el informe, lograron darle una vuelta al objeto desconocido y posteriormente siguieron su vuelo. Según el capitán E.S., convinieron en no comunicar el incidente.

No se autorizó dar los nombres de los pilotos en virtud de que actualmente todavía vuelan y no desean tener problemas en sus compañías aéreas.

1957, un avión DC3 similar al que tuvo un encuentro con un objeto de unos 200 m de diámetro sobre las Cds. de León y Querétaro. En la fotografía, el Dr. Miguel Guzmán, padre de uno de los autores.

Un C-54 de la Fuerza Aérea Mexicana fue seguido por un objeto de apariencia metálica sobre el Golfo de México, cuando realizaba un vuelo a mediados de 1960.

Los Militares y los OVNIs

323

Julio de 1964, los famosos Ángeles Azules visitan México. Durante el espectáculo, al cual asistió uno de los autores, algunas personas afirmaron haber visto un OVNI estacionado por más de 30 minutos.

Em 1972, durante la filmación de la película *Alas Doradas*, se logró filmar el vuelo de aviones AT-6 de la FAM y en varias tomas se observan OVNIs junto a los aviones militares mexicanos.

Durante un vuelo de rutina, un avión Iai Arava de la FAM fue escoltado por un objeto luminoso, el 23 de noviembre de 1988 sobre el estado de Sinaloa.

El 16 de septiembre de 1989, se logró esta fotografía donde se aprecia un escuadrón de aviones T-33 de la FAM y se observa un objeto que viaja a gran velocidad cerca de los jets militares.

Un avión F-5 Tigre II del escuadrón 401 de la FAM despegó para interceptar un OVNI que fue detectado por el radar. Esto a mediados de diciembre de 1995 cerca de la base aérea de Santa Lucía.

OVNIs y Helicópteros

16 DE SEPTIEMBRE DE 1991
OVNI VIDEOGRABADO EN DESFILE MILITAR

El señor Vicente Sánchez Guerrero grababa con su cámara portátil el contingente aéreo del desfile militar, cuando descubrió entre los helicópteros Puma y los jets F-5 un disco volador que se integró por unos segundos al grupo de 24 naves militares.

Este video fue presentando por la noche en el noticiero de Jacobo Zabludovsky e inmediatamente los detractores del fenómeno OVNI se apresuraron a afirmar que el objeto grabado no era un OVNI, sino un globo sonda.

Por todos es conocido que, durante el desfile, sólo naves militares pueden cruzar el cielo del Distrito

Federal, por lo que autoridades de la Fuerza Aérea confirmaron que una hora antes del desfile aéreo el Aeropuerto Internacional estaba cerrado y sólo fue utilizado por la FAM.

Durante la duración del desfile, las líneas comerciales desvían sus vuelos, quedando estrictamente prohibido que cualquier otra nave no militar cruce el espacio aéreo. Tampoco se permite la presencia de otros objetos que pudiesen alterar el desarrollo de las evoluciones militares aéreas.

Asimismo, la Secretaría de Comunicaciones y Transportes corroboró la información, agregando que durante el desfile, la Torre de Control está a cargo de personal civil, y no fue posible averiguar si los controladores detectaron algo raro durante el desfile. (*Impacto*, No. 2174, octubre 31 de 1991).

HELICÓPTERO DE TELEVISORA SE ENCUENTRA CON DOS OVNIS

El 10 de septiembre de 1993, hacia media mañana, el helicóptero de fabricación francesa Eucuril, de la empresa Televisa, se encontraba sobrevolando el norte de la ciudad, cuando el reportero Rolando Medina (QEPD), daba la información sobre las condiciones del tránsito al entonces Director del Noticiario Matutino "Al Despertar", Guillermo Ortega Ruiz: la comunicación entre el reportero del helicóptero y el periodista en los estudios de televisión era normal, cuando intempestivamente la información que daba Rolando Medina cambió, junto con la toma que realizaba el camarógrafo, para empezar a informar y a enfocar a dos Objetos Voladores no Identificados (OVNIs) de forma esférica, de un color negruzco, pero de apariencia metálica; el camarógrafo logra enfocar perfectamente a los dos OVNIs.

Según el reporte de Rolando Medina, estaban sobrevolando el norte de la ciudad cuando observaron a los OVNIs. En la toma realizada se puede apreciar perfectamente cuando los dos OVNIs empiezan a difuminarse hasta perderse de vista y bajo la toma se pueden apreciar edificaciones de la ciudad.

Los telefonemas al citado noticiario empezaron a llegar por decenas, pidiendo que se repitieran las escenas de los dos OVNIs filmados.

En la toma también se aprecia que el tiempo era nublado y que los OVNIs se encontraban por abajo del manto de nubes; asimismo estaban a la misma altura del helicóptero, aproximadamente a unos 2,500 metros de altura.

Cuando ocurrió el incidente los dos OVNIs estaban separados el uno del otro por aproximadamente unos 8 metros; cabe mencionar que durante aquella semana se reportaron varios avistamientos de OVNIs en diversos rumbos de la ciudad y que el noticiario "Al Despertar" presentó varias entrevistas de investigadores que opinaron sobre el avistamiento de los 2 OVNIs, dando sus puntos de vista sobre el mismo.

Asimismo, la revista *Reporte OVNI*, en su número 15 del mes de diciembre de 1993, siendo la directora la periodista Sra. Zita Rodríguez Montiel, presentó un amplio artículo sobre el citado avistamiento y las fotografías de los 2 OVNIs, tomadas desde el helicóptero.

10 DE SEPTIEMBRE DE 1993
DOS ESFERAS METÁLICAS VIDEOGRABADAS DESDE UN HELICÓPTERO

Los noticieros nocturnos informaron y presentaron imágenes obtenidas aquella mañana, desde el helicóptero Aerospatiale AS 350 Eucuril, de la empresa privada Televisa. Aquel helicóptero de color blanco con el logotipo de dicha empresa, al realizar su vuelo matutino diario, el cual consistía en informar en directo la situación del tránsito de autos en las diferentes arterias del D. F., y también para informar sobre las noticias de tipo policíaco que se generaban, hacia las 9:00 A.M., desde el helicóptero se empezaron a enviar las primeras imágenes de dos objetos esféricos de apariencia metálica, los cuales se encontraban estacionados sobre la zona norte de la ciudad.

El reportero que se encontraba en ese momento en la aeronave era Rolando Medina (a quien conocimos y tuvimos oportunidad de entregarle información relacionada con OVNIs), quien pertenecía al noticiario matutino "Al Despertar".

La situación fue que el reportero observó a los dos objetos esféricos que presentaban una apariencia metálica de color negro y que brillaban con dos puntos luminosos vistos desde el helicóptero y que posteriormente poco a poco se fueron desvaneciendo, hasta desaparecer de la toma del camarógrafo.

Aquella mañana estaba nublada y según informes recabados posteriormente, la revista *Reporte OVNI*, en su número 15, informaba que dichos objetos estaban a una altura menor de las nubes.

La altura aproximada era de 2000 metros y se encontraban a una corta distancia uno del otro. El periodista Guillermo Ortega Ruiz, quien fungía como titular del noticiario, recibió un número muy elevado de llamadas telefónicas y él mismo afirmó que se investigaría sobre la naturaleza de los objetos. Las imágenes de los dos OVNIs fueron presentadas por el Canal 2.

Aquella mañana ese equipo de televisión tuvo la fortuna de observar, videograbar y enviar en directo la imagen a la televisión de esos dos OVNIs, situación que no tiene similar en los anales de la televisión mundial.

Como dato añadiremos que en la madrugada de ese día, hacia las 4:45 de la mañana, se registró un temblor de tierra en la Ciudad de México, y según reportes de personas, entre ellas la Sra. Ma. Elena de la Cruz, de la colonia Obrera, afirmó que había observado a dos helicópteros de color oscuro, que sobrevolaron el D.F. minutos después del avistamiento de los OVNIs.

A partir de esa fecha los videos de este tipo de objetos en forma esférica se incrementó en el Distrito Federal.

OCTUBRE DE 1993
DOS OVNIS SON VIDEOGRABADOS POR LOS TÉCNICOS DE UNA TELEVISORA EN MONTERREY, DESDE UN HELICÓPTERO

En la ciudad de Monterrey, Nuevo León, se logró videograbar a dos objetos voladores que cruzaban a gran velocidad el espacio aéreo regiomontano, de un lado a otro, según informaron los responsables de la televisora de Monterrey a *La Prensa*.

En el informe se afirma que al realizar un trabajo de filmación sobre Monterrey, el personal que iba a bordo del helicóptero de la televisora, observó a un par de OVNIs que, primeramente, se encontraban estacionados sobre aquella ciudad; inmediatamente el camarógrafo videograbó a los dos objetos, que se encontraban estáticos.

En el video se aprecia a dos objetos estacionados en el espacio, que parecen tener movimiento vibratorio, para posteriormente alejarse a gran velocidad.

Esta información y el video, fueron presentados por la televisión regiomontana.

NOVIEMBRE DE 1993
TRIPULACIÓN DE UN HELICÓPTERO
AVISTA OVNI EN EL ESTADO DE GUERRERO

El mecánico Daniel Pérez quien tiene más de 30 años en el medio aeronáutico informó que en noviembre de 1993 se encontraba trabajando en una base de helicópteros en la Sierra de Guerrero llamada El Caracol. En dicha base los helicópteros estacionados eran del tipo Bell 206 y Bell 212 de una dependencia gubernamental.

En cierta ocasión dos pilotos de un helicóptero Bell 206 intercambiaban opiniones del vuelo recién realizado, siendo las 11:30 de la mañana y según la conversación, al volar sobre una zona de la sierra de Guerrero los pilotos observaron sobre un cerro un objeto de apariencia metálica en forma de plato, con un domo en la parte superior y que reflejaba los rayos del sol, parecía de color plata, encontrándose sobre el mencionado cerro estacionado, la visibilidad era buena y el cielo se encontraba azul; los pilotos continuaron con su trabajo quedando aquel objeto en la zona donde lo habían visto.

La plática sobre el incidente fue escuchada por el mecánico Daniel Pérez, afirmando que los pilotos se encontraban extrañados sobre el avistamiento.

Según el mismo Sr. Pérez, los pilotos en ningún momento solicitaron informes a su base sobre el contacto visual que tenían con el OVNI.

SERIE DE LUCES FILMADAS DESDE UN HELICÓPTERO

En la Ciudad de México, durante un recorrido del helicóptero de Televisión Azteca, el camarógrafo logró filmar extrañas luces en movimiento. Hasta el momento de cerrar la edición, aún no se daban los resultados del análisis del video. (*La Prensa*, 5 de diciembre de 1993)

17 DE NOVIEMBRE DE 1994
OVNI SOBRE UN HELICÓPTERO

En la revista *Reporte OVNI* No. 50, dirigida durante varios años por la periodista e investigadora Zita Rodríguez Montiel, publicó un reportaje en el cual, hacia las 12:00 hrs. del 17 de noviembre, el señor Miguel Ángel Flores logró videograbar un helicóptero del tipo Bell 412, que cruzaba sobre la ciudad.

Posteriormente, al checar el video, el Sr. Flores se dio cuenta que un objeto obscuro que tenía forma de disco cruza en dirección contraria a la del helicóptero, pasando por encima del mismo. Según el reportaje en el incidente se observa el objeto en 7 cuadros de la videograbación, siendo las 12:13 de la tarde.

La investigación se llevó a cabo por el "OVNI CLUB DE NUEVO LEÓN" y la evidencia fue investigada directamente por Santiago Yturria, conocido investigador regiomontano. El caso sucedió en la ciudad de Monterrey, Nuevo León.

DICIEMBRE DE 1995
LA TRIPULACIÓN DE UN HELICÓPTERO BELL-206 DE TV AZTECA OBSERVA UN OVNI

El periodista e investigador José Luis Martínez Jiménez, del diario *La Prensa*, quien por un par de años tuvo a su cargo una columna dominical, en la cual reportaba los informes más recientes y las historias de los casos relacionados con OVNIs, tanto en México como en el extranjero, en una de sus columnas fechada en diciembre de 1995 dio a conocer una información de primera mano, en la cual indica que un reportero, un camarógrafo y piloto y copiloto, empleados de TV Azteca, reportaron que durante un vuelo matutino, en el cual sobrevolaban gran parte de la Ciudad de México, lograron observar un Objeto Volador no Identificado sobre el sur de la ciudad.

La información que dio a conocer José Luis Martínez era muy escueta y sólo daba a conocer el incidente. El tipo de helicóptero era Bell-207 Ranger, para 7 pasajeros.

HELICÓPTERO DE RADIO RED REPORTA OVNIS

RADIO RED es una estación de radio que tiene sus orígenes desde los años 60s, cuando tenía las siglas RCN. En esta estación se han reportado a lo largo de los años avistamientos de OVNIs en diferentes partes de la ciudad, de México y del mundo.

La tripulación y el grupo de periodistas que viajaban en el helicóptero Bell 206 Ranger de color amarillo, tuvieron un encuentro OVNI.

El ingeniero Jorge A. Olea, pionero en la información desde el aire por sus reportes viales, así como información policíaca, han llenado los espacios del noticiero "Monitor"; pero sería el 27 de febrero de 1998 cuando varios testigos observaron OVNIs sobre el Distrito Federal, y sería el primero de dos avistamientos desde el helicóptero de Radio RED.

Según su reporte, pudieron ver un objeto que primero se observaba como una esfera, y posteriormente como un cigarrillo; el objeto se encontraba sobre la zona del cerro de Atzomoni, entre los volcanes Popocatépetl e Iztaccíhuatl.

El helicóptero sobrevolaba en ese momento el Parque Naucalli del Estado de México. La distancia entre el helicóptero y el OVNI era muy considerable, según el Ing. Jorge A. Olea.

El helicóptero estuvo sobrevolando por espacio de 15 a 20 minutos el citado Parque y en ese mismo tiempo observaron al OVNI.

El Ing. Olea mandó al aire el reporte en el momento que estaba sucediendo y según comenta, su información se tomó un tanto a broma por parte del locutor en turno del noticiario.

Después de 20 minutos seguían observando el objeto, ya que el tiempo era bueno, con gran visibilidad y súbitamente el objeto desapareció de la vista de la tripulación.

Afirmó el Ingeniero que la luz del sol era muy fuerte y hacía resaltar aquel objeto en el cielo (al parecer el avistamiento se efectuó a media tarde, entre 12:00 y 13:00 hrs.).

Otro caso en que se vio envuelto el mismo helicóptero, con la misma tripulación, fue a finales del año 1999, cuando al despegar del Aeropuerto Internacional de la Ciudad de México, observaron y reportaron varios objetos de apariencia metálica, los cuales se encontraban hacia el Norte del Aeropuerto.

Otro caso más que se sumaría a los encuentros de OVNIs y helicópteros, lo que refuerza estos avistamientos en los más de 30 años que tiene el Ing. Jorge A. Olea sobrevolando diariamente la Ciudad de México.

LOCUTOR DE RADIO VIO UN OVNI SOBRE EL POPOCATÉPETL

Un locutor de radio que no autorizó a dar su nombre, afirmó que durante un vuelo que realizaban sobre el volcán Popocatépetl, en un helicóptero, en junio de 1998, pudieron observar un OVNI sobre la zona. Él, junto con los pilotos y miembros de su equipo, pudieron observarlo. Esto fue relatado en plática en la que se encontraba un piloto de ala fija, y en la que se tocaba el tema OVNI.

24 DE ENERO DE 1999
OVNIS DURANTE LA LLEGADA
DEL PAPA AL AUTÓDROMO

La mañana del 24 de enero, cuatro helicópteros del tipo Super-Puma de fabricación francesa y que fueron prestados por el Estado Mayor Presidencial, así como por la Fuerza Aérea, despegaron del Campo Marte hacia la zona del Autódromo de los Hermanos Rodríguez, ubicado al oriente de la ciudad, en donde se celebraría una misa masiva que ofrecería el Papa Juan Pablo II ante más de 100,000 personas.

Durante la llegada de Su Santidad al Autódromo, en las pantallas de televisión se pudieron observar, cuando pasaba uno de los helicópteros frente a las cámaras de televisión, con un cielo totalmente despejado, azul y limpio de nubes, varios puntos plateados que se encontraban estacionados sobre la zona.

Uno de los testigos, el Sr. J. Tsiya, quien es inspector aeronáutico, afirmó que aquellos objetos de apariencia metálica y que se encontraban estacionados en el espacio no eran aviones ni eran helicópteros, por consiguiente afirmó que eran OVNIs.

Decenas de personas pudieron afirmar que observaron a varios Objetos Voladores no Identificados, los cuales posteriormente se alejaron del lugar hacia diferentes direcciones, después de que el helicóptero Super-Puma de la Fuerza Aérea Mexicana aterrizó dejando a Su Santidad Juan Pablo II en ese lugar.

11 DE SEPTIEMBRE DE 1999
OVNIS SOBRE LA PLAZA MÉXICO
DURANTE UN CONCIERTO MASIVO

Siendo las 20: horas, personal de una empresa que videograbó el evento del concierto masivo de la banda El Recodo, pudieron lograr tomas del evento como de los alrededores de la misma y a su vez de un helicóptero del tipo Bell–206 Jet Ranger, el cual sobrevolaba la citada plaza para obtener tomas aéreas del mismo concierto.

Posteriormente los técnicos que revisaron los citados videos pudieron observar cómo en las tomas realizadas desde tierra hacia el helicóptero aparecían en el video alrededor de 4 objetos, tres de ellos en formación de un triángulo.

Todavía a la hora que se tomó el video había luz de sol y el cielo se observaba con su tonalidad azulosa.

Los objetos tienen características similares a los videograbados en otras ocasiones en la Ciudad de México.

La tripulación del helicóptero no se percató de este suceso.

Como comentario a lo anterior los objetos posiblemente se encontraban a mayor altura del helicóptero cuando sobrevoló esa área. (Revista *Furia Musical* del 10 de noviembre de 1999, en su número 20 año VII).

20 DE SEPTIEMBRE DE 1999
HELICÓPTERO DE TELEVISA TESTIFICA LUZ EXTRAÑA SOBRE EL AEROPUERTO

A las 6:40 A.M. en el noticiario "Primero Noticias" conducido por Joaquín López Dóriga y Lourdes Ramos, comentaron que habían recibido varias llamadas del público, preguntando sobre una luz muy brillante que se observaba en el cielo, sobre la zona del aeropuerto.

Se envió una señal al helicóptero de Televisa, en donde Eduardo Salazar reportó que ellos habían visto una luz que se prendió y apagó. Hicieron tomas de la zona de la Alameda Oriente, donde se supone que se encontraba el OVNI y posteriormente refirieron que podría ser la luz de la antena del cerro de Atzomoni. Por su parte el periodista Joaquín López Dóriga se declaró escéptico y su coconductora Lourdes Ramos refirió que se creía que estos objetos eran guiados por una inteligencia superior.

13 DE AGOSTO DE 1999
ESFERA METÁLICA CERCA DE DOS HELICÓPTEROS

El señor Roberto Contreras logró videograbar, a las 2:58 de la tarde, durante un incendio al norte de la ciudad, un objeto brillante de apariencia metálica, que se encontraba cerca de la columna de humo que salía del edificio incendiado. En el video se puede apreciar perfectamente el sobrevuelo de un helicóptero

Eucuriel, del Agrupamiento Cóndor de la Policía del Distrito Federal y de otro Bolkow, de una empresa televisiva.

Según el señor Contreras, él se percató de la presencia del objeto hasta que revisó el video.

4 DE FEBRERO DEL 2000
OVNIS OBSERVADOS POR
FOTÓGRAFO PROFESIONAL DE AVIACIÓN

El viernes de la fecha citada el Sr. Adolfo de la Vega reportó haber observado, junto con 4 personas, desde la zona del puente peatonal situado a 500 metros de la terminal aérea, 2 Objetos Voladores No Identificados, los cuales se encontraban aproximadamente a unos 10,000 metros de altura.

Los objetos eran brillantes, de apariencia metálica. La observación se realizó durante el sobrevuelo de un helicóptero del grupo de los Cóndores de la policía capitalina, hacia las 18:30 hrs. El Sr. de la Vega es fotógrafo profesional y ha avistado OVNIs en la zona en varias ocasiones. El helicóptero era un Eucuril de fabricación francesa.

4 DE AGOSTO DEL 2000
REPORTAN LUZ BLANCA DURANTE UN SISMO
EN LA CIUDAD DE MÉXICO

A las seis y minutos de esa mañana, ocurría un sismo en la Ciudad de México, se tuvo oportunidad de enviar imágenes exclusivas desde un helicóptero que según el informe proporcionado por un técnico en aviación Marcelino Patlani. Era de TV Azteca y la información pasó en vivo durante el citado sismo.

De acuerdo con el testimonio del Sr. Marcelino, en las imágenes de la Ciudad de México, que se mecía en esos momentos, en diversas colonias el suministro de energía eléctrica se suspendía con el estallamiento de los transformadores de luz, pudiéndose observar relámpagos de color azul, verde y rojo.

Durante una toma que se realizó a *full shot* de la ciudad, en versión de este testigo, se observaba una luz blanca sobre la ciudad e inclusive los comentaristas de televisión preguntaron a la tripulación de su helicóptero Bell 206 Ranger, qué era aquella luz blanca, afirmando el reportero del helicóptero que se trataba de un relámpago debido al estallamiento de algún transformador de energía eléctrica.

Continuando después con informes referentes al sismo acontecido y no refiriéndose más a este hecho.

16 DE NOVIEMBRE DEL 2000
3 HELICÓPTEROS Y UNA ESFERA ROJA

El Sr. Salvador Guerrero logró videograbar hacia las 6:30 de la tarde del jueves 17 de noviembre, durante unos disturbios urbanos ocurridos en una zona comercial del centro de la Ciudad de México, cuando en la zona sobrevolaban los helicópteros de las empresas

Televisa, Televisión Azteca, Radio RED y el de la policía del Distrito Federal, un objeto en forma de esfera.

Aquella esfera era de un vivo color rojo y después de algunos minutos se alejó de la zona a gran velocidad, el testigo dio a conocer su avistamiento en el programa de radio "OVNI Un Fenómeno Inteligente" de Radio ABC.

El 16 de septiembre de 1994 un escuadrón de helicópteros Bell 212 de la FAM fue fotografiado sobre la zona de Aragón. En la foto se puede apreciar un objeto negro que se encuentra cerca de los helicópteros militares mexicanos.

Un Bell 212, en escuadrón, se encontró con un OVNI
el 16 de septiembre de 1994.

El helicóptero de la estación de radio Radio RED
(un Bell 206 Ranger) reportó haber observado un OVNI
el 27 de febrero de 1998.

OVNIs y Helicópteros

El helicóptero de TV Azteca ha pasado varias informaciones de OVNIS en el espacio aéreo de la Ciudad de México.

También el helicótero de la empresa Televisa ha sido testigo de la observación de OVNIS sobre la Ciudad de México.

Parte III
Los Testigos de Élite

Carlos Antonio de los Santos Montiel

Por Carlos A. Guzmán Rojas y Francisco Domínguez de la Rosa

Después de muchos años de tratar de localizar al capitán de los Santos Montiel y más aún de que accediera a darnos el relato de su historia se logró, gracias a nuestro amigo el investigador de la ciudad de León, Guanajuato, José Luis Elizondo, a quien agradecemos su ayuda al respecto, a continuación presentamos la experiencia increíble que Carlos Antonio vivió.

LA EXPERIENCIA DEL ENCUENTRO

"Esto se inicia el día 3 de mayo de 1975. Volaba yo un avión que era un Piper PA-24, trabajaba para una compañía que se llamaba Pelletier, S.A., el vuelo era de México a Lázaro Cárdenas, que también se le conoce con el nombre de Melchor Ocampo o La Villita. Había una planta siderúrgica por allá, entonces la intención del vuelo era llevar personal de la empresa a Lázaro Cárdenas; llegamos a Lázaro Cárdenas y la aeronave ya traía problemas, sobre todo eléctricos: se le bajaba la batería, entonces para volverlo a arrancar era muy difícil. Pues llegué a Lázaro Cárdenas, se bajaron los pasajeros y yo tenía instrucciones de la empresa de regresarme inmediatamente a la Ciudad de México.

"Procedí a hacer mi plan de vuelo para regresar y resulta que cuando abordé el avión y quise arrancarlo, ya no pude. Por ahí cerca vi un taxi y le pedí al taxista que me pasara corriente, sabiendo yo que sí era posible arrancar el avión en esa forma, ya que anteriormente lo había hecho en otros aeropuertos. El chofer del taxi se negó y entonces me dirigí al pueblo a conseguir a un eléctrico. Después de más o menos dos horas lo conseguí y lo llevé al Aeropuerto. Me dio asistencia pasándome corriente, al igual que a un carro. El motor de la nave arrancó inmediatamente, se le desconectaron los cables y acabó el problema. Pero se me hizo tarde para regresar a México, por lo que decidí quedarme a dormir, pero no en Lázaro Cárdenas, sino que fui a Zihuatanejo, que está a 40 minutos de vuelo. Llegué a la hora que estaba oscureciendo, a lo que llamamos penumbra, estacioné el avión en el Aeropuerto, lo tapé con una 'pernocta' y me fui a un hotel, tomé una cena normal y me acosté temprano, para viajar al día siguiente a la Ciudad de México.

"Al día siguiente me levanté temprano, tomé un baño y desayuné, aclarándoles lo que desayuné, ya que posteriormente hubo muy malas interpretaciones al respecto: tomé huevos rancheros, jugo de naranja, café y pan con mermelada. Les cuento esto porque mucha gente pensó que yo venía muerto de hambre, drogado o tomado y que había sufrido de hipoxia. Entonces me fui al Aeropuerto, hice mi plan de vuelo para mi regreso, ahora de Zihuatanejo a la Ciudad de México.

"Partí y cuando supe perfectamente que estaba sobre Tequesquitengo (ahí se cambia el rumbo al aeropuerto de la Ciudad de México) chequé la radio ayuda de Tequesquitengo (en este lugar, en donde está el lago, hay una radio ayuda de navegación, un V.O.R., que sirve para cuando se está volando por instrumentos), tomé el rumbo 004, un rumbo magnético, y fue entonces cuando 3 ó 4 segundos después, tuve la sensación de que traía algo sobre el ala izquierda, sentí la presencia de algo, como que alguien me estaba observando.

"Volteé hacia la izquierda y veo un objeto de color gris obscuro, tipo gris rata, como un ovoide, sí, con una especie de cabina de mando en la parte superior, como parabrisas, un vidrio, pero oscuro. No se alcanzaba a ver el interior del objeto, que estaba como de

1.50 a 1.70 m. de distancia de la cabina de la aeronave. 3 ó 4 segundos después tuve la misma sensación, ahora del lado derecho, era un segundo objeto, con las mismas características. Cuando lo vi empecé a ponerme muy nervioso, incluso lloré, porque como dije antes, nunca he tomado ni fumado, ni tengo vicios, ni mucho menos he consumido alguna droga que hubiera sido el producto de esa imaginación. A los pocos segundos un tercer objeto viene por la parte de enfrente hacia el parabrisas del avión. Fue como quien te avienta una pelota. En ese momento yo traté de empujar los controles hacia la parte de enfrente para esquivar el golpe del objeto, pero para ese momento ya no tenía control sobre la aeronave, no lograba bajar, subir o virar hacia la derecha.

"Aparentemente los objetos que traía en las alas ya tenían controlada la aeronave, habiendo formado un campo. Esto lo sé porque posteriormente me lo explicó Ray Stanford, quien me dijo que habían formado un campo electromagnético alrededor del avión.

"Para ese momento yo estaba muy asustado, cambié la frecuencia del radio a una de emergencia 121.5. Empecé a comunicarme con Centro México y digo: 'A Centro México, Centro México, del EXTRA-BRAVO-EXTRA-ALFA-UNION (XB-XAU), mayday, mayday, mayday' y no obtengo respuesta. Centro México me contestó hasta la tercera vez y dice: 'Adelante, cuál es su emergencia'. Contesto: 'estoy volando procedente de Zihuatanejo, chequé Tequesquitengo a los 10,000 pies y tengo tres objetos visuales no identificados volando a mi alrededor. Traigo uno sobre el ala izquierda, otro sobre la derecha y otro en la parte de abajo del avión, este tercer objeto vino de la parte de enfrente, a pesar de traer el abanico de la hélice, de ahí se bajó y le pegó a la panza, al compartimiento del tren de aterrizaje y ahí se quedó; es decir, se quedó pegado a la aeronave. Los otros dos venían suspendidos, no venían pegados'. Continúo diciendo: 'Tengo tres objetos visuales no identificados a mi alrededor y no estoy controlando el avión, el avión está siendo controlado por fuerzas extrañas pero yo no tengo ningún control sobre el avión'.

"Entonces algún controlador de Centro México me dice: 'A ver, tranquilo capitán, tranquilo. A ver, desacelere completamente el avión, desacelere completamente el motor'. Le digo: 'desacelerarlo, no sé para qué desacelero', pero los parámetros del motor no variaron, no cambiaron para nada, incluso al desacelerar, el ruido del abanico del motor, de la hélice, cambia, pero en este caso no hubo ningún cambio, lo volví a acelerar y digo: 'ya desaceleré, pero no hay ningún cambio, vuelvo a acelerar el motor'. Entonces trataba de virar a la izquierda, para levantar el ala derecha y tocar el objeto que traía sobre esa ala, o virar a la derecha, levantar el ala izquierda y tocar el otro objeto, traté de bajar el tren de aterrizaje para bajar las piernas y tratar de tocar el que venía abajo. No tenía ningún control y no pude lograr virar hacia ningún lado ni bajar el tren de aterrizaje, éste estaba aparentemente dañado por el golpe del tercer objeto. Yo escuché el golpe, traté de bajar el tren de aterrizaje y no operó, no trabajaba. El compás magnético o brújula enloqueció, en ese momento ya no le haces caso, porque traes otro instrumento adicional al compás magnético que es un horizonte, es a lo que llamamos giro direccional y a éste lo ajustas con respecto a la brújula cada 15 minutos.

"Trabaja por el efecto o principio del giroscopio, pero tiene errores de precisión y de magnetismo, si vuelas sobre algún área magnética tiene errores, por eso te basas en el giro direccional, pero no había cambio alguno en los instrumentos, puesto que en el momento en que chequé Tequesquitengo, cambié al rumbo 004, es el rumbo magnético, conforme a la rosa de los vientos, entonces desde Tequesquitengo hasta la sierra del Ajusco son aproximadamente 18 minutos de vuelo, durante los cuales me acompañaron los tres objetos a una velocidad de 140 nudos, que es lo que cruza este avión dicha distancia. Checamos Tequesquitengo a 10,000 pies (3,000 metros) y ya sobre la sierra del Ajusco tenía 14,800 pies (4,440 metros), o sea que se estaban llevando el avión. Este avión no puede subir a más de 15 ó 16,000 pies porque no es presurizado.

"Una vez estando sobre la sierra del Ajusco, la torre de control de la Ciudad de México se comunicó con otro avión, un Learjet, un turborreactor de la

Secretaría de Agricultura y Ganadería que era el XC-SAG y le dice: 'Mire, hay un avión con problemas (no se le dijo la emergencia de que se trataba). Hay un avión con problemas en el segundo cuadrante, del V.O.R de México, que está establecido en el Radial 184 del V.O.R de México, checó Tequesquitengo y ahorita se encuentra aproximadamente por la Sierra del Ajusco. Tiene problemas, trate de hacer contacto visual con él y ayúdelo'.

"Pero esta nave despegó hacia el Lago de Texcoco, dio todo su tránsito, checó Tlalnepantla y en el momento en el que se oyó: 'ayuden al Extra-Alfa-Unión', el objeto del lado izquierdo se levantó verticalmente y el techo de la aeronave de la cabina no me permitió ver el desplazamiento, pero de ahí se fue con rumbo al Popocatépetl, eso sí lo vi por la otra ventanilla, imagínate, desplazándose a una velocidad de más de 900 kilómetros por hora".

EL RADAR DE CENTRO MÉXICO CAPTA LA PRESENCIA DE LOS OVNIS

"El objeto del lado derecho ya no se levantó verticalmente, sino su desplazamiento fue horizontal, siguiendo al del lado izquierdo. Al de abajo ya no lo vi, pero siguió a los otros dos (en ese momento en el radar de Centro México captaron la presencia de los 3 ecos que hicieron una maniobra tal, que ningún avión en el mundo en aquel entonces pudo haber efectuado). Desarrollaron un viraje de más de 270 grados en un radio de acción de menos de 3 millas a una velocidad de más de 900 kilómetros por hora. Algunos pilotos de Mexicana de Aviación dijeron que sí, que ellos lo podían hacer en el 727, pero no en un radio de acción tan reducido.

"Una vez que me abandonaron los 3 objetos recuperé el control total de la aeronave, ya pude virar a la izquierda, a la derecha, bajar, subir, pero yo continuaba muy asustado, no fuera de control porque supe lo que estaba sucediendo, veía los instrumentos, escuchaba e intercambiaba la comunicación con Centro México, con la torre de control, pero estaba muy nervioso y empecé a picar la aeronave para tratar de llegar lo más pronto posible al Aeropuerto de la Ciudad de México. Entonces se comenzó a escuchar el fluido del aire que se estaba incrementando, lo que resultaba más peligroso de haber continuado, ya que si rebasas los límites estructurales de la aeronave, se te puede arrancar todo el embalaje de la cola o se te arranca un ala o se desbarata el avión, porque estás excediendo los límites permitidos. Poco a poco me empecé a tranquilizar, y empecé a bajar despacito, despacito".

LA AVIONETA SE APROXIMA AL AEROPUERTO INTERNACIONAL DE LA CIUDAD DE MÉXICO

"Llegué al Aeropuerto de la Ciudad de México, hice mi procedimiento y me autorizaron a aterrizar en la

Pista 5 derecha. Estaba enfilado e intento bajar el tren de aterrizaje y no lo logro (bajé la palanca del tren, esperando las 3 luces verdes que indican que el tren está abajo y asegurado). Este avión aparte tenía una palanca que indicaba el momento de estar asegurado. Vi las tres luces verdes pero la palanca del avión se quedó a medio camino.

"Le digo a torre de control: 'tengo problema con el tren de aterrizaje, tengo 3 luces verdes, pero tengo también una falsa indicación a bordo ¿me podría checar las condiciones de las 3 piernas con prismáticos?'. Contestan: 'Sí, autorizado a pasar a nivel de la pista de la torre de control para verlo'. Pasé y me dicen: 'Mire, tiene la pierna de la nariz afuera, la del lado derecho está afuera, y la del lado izquierdo está totalmente adentro, haga otro intento para bajar el tren de aterrizaje, tómese su tiempo'. Hice otro tránsito (es decir, otro intento de aterrizar) y al pasar nuevamente sobre la pista se me dice: 'las tres piernas están a 45 grados, deben estar a 90. Sígale capitán, sígale, trate de aterrizar en condiciones normales. El aeropuerto ya está cerrado (estuvo cerrado una hora y 17 minutos por la emergencia)'.

"Seguí haciendo el intento y hasta el noveno entró un sistema alterno de emergencia para bajar el tren de aterrizaje. Yo acostumbraba traer un poco de herramienta, saqué un desarmador, quité un registro y veo que allí corre un sinfín, cuando bajas el tren de aterrizaje el sinfín se va hacia adelante, cuando lo subes se va hacia atrás. Observé que se quedaba a medio camino, metí el desarmador en sentido contrario al movimiento del sinfín, bajé el tren, tronó y supe que ya se había liberado (esto fue en el décimo intento). Le digo a la torre de control que aparentemente ya tengo abajo y asegurado el tren de aterrizaje, ya que corrió el sinfín hacia delante y hacia atrás, salió el tren y las tres luces verdes y la palanca ya está hacia delante. Ellos me dicen: 'negativo, la pierna del tren de nariz está hacia fuera, al igual que la del lado derecho, pero la del lado izquierdo está totalmente adentro'. Yo me negaba a aceptarlo.

"Yo, como piloto, sentía cómo andaba la aeronave. Sabía que las 3 piernas ya estaban abajo y aseguradas, sólo que la gente de tierra (bomberos, mecánicos, controladores, la gente que estaba abajo) estaba observando y unos decían que faltaba el de la nariz, otros, que el lado izquierdo, otros que el lado derecho y unos más que faltaban las 3.

"Yo ya sabía que estaba en configuración de aterrizaje, por lo que dije a torre de control: 'Torre México, sabe qué, ya es el onceavo intento, en las condiciones que vengo voy a tratar de aterrizar, pero no en la pista de pavimento, sino que en medio de las 2 pistas hay una franja de pasto, ahí voy a bajar'.

"Dice torre: 'O.K., autorizado, va a necesitar asistencia'. Contesté: 'Sí, afirmativo'. La asistencia es bomberos y ambulancias. Ya para entonces yo sabía que las 3 piernas estaban abajo.

EL ATERRIZAJE FINAL

"Me enfilé a la franja de pasto con el tren abajo, las aletas, los flaps y aterrizo. El avioncito se detuvo entre 75 y 100 metros porque la hierba y el zacate ya estaban crecidos y eso ayudó a frenar. No apagué el motor, abrí la puerta, salí y empecé a correr. Me alcanzó una ambulancia con un bombero que se bajó y trató de tranquilizarme. Me subieron a la ambulancia, en donde me dieron unos calmantes. Me llevaron al centro médico del aeropuerto, en donde me hicieron la primera evaluación médica, ya que la gente pensaba que yo venía mal, drogado, tomado, hambriento y con hipoxia, que es la falta de oxígeno en la sangre, que pudo provocarse por volar a determinada altitud, en este caso a 14 ó 15 mil pies.

"Todo esto sucedió en domingo. El lunes pasé ante un médico de la Secretaría de Comunicaciones y Transportes, también a examen médico, el martes a otro ante un médico de Mexicana de Aviación y el jueves, un último examen médico con el doctor de Mexicana de Aviación, el Dr. Amézcua.

"Entonces le preguntaron al comandante del aeropuerto, que en aquel entonces era el capitán Augusto Ramírez Altamirano, que cuáles eran mis condiciones, él respondió: 'este joven no tiene nada, lo que pasa es que está muy asustado, está nervioso por la experiencia, la emergencia que se suscitó'. Para entonces los medios de difusión, la prensa, estaban haciendo presión porque ellos sabían que algo había sucedido, pero no sabían exactamente qué. Vieron que el avión pasaba una y otra vez, durante una hora y 17 minutos.

"Fue tanta la presión de la prensa, que la Dirección General de Aeronáutica prohibió a los controladores dar declaraciones. Al seguir la presión, dicha Dirección llamó a los controladores Emilio Estañol López e Interián Díaz, en distintas oficinas, apartados, para que rindieran cada uno un informe de lo que vivieron, lo que vieron en sus pantallas y del piloto, lo que vio, y lo que vivió.

"Se rindió un acta y le preguntaron finalmente al Dr. Amézcua cuál era la situación y respondió: 'Mi dictamen como profesional, como Director de Medicina de Aviación, como médico, es que este joven pudo haber sufrido de hipoxia, es decir, la falta de oxígeno en la sangre, pero eso es como profesionista, como médico, pero si esto lo detectaron en el radar, pues propiamente un radar no pudo haber sufrido de hipoxia, es un complejo electrónico que es otra ciencia'".

LOS HOMBRES DE NEGRO EN LA EXPERIENCIA DE CARLOS ANTONIO

"Pasó el tiempo y más o menos a los quince días el Sr. Pedro Ferriz habló a la casa, interesado en mi experiencia. Me dijo: 'quisiera ver la posibilidad de obtener una entrevista'. Se lo comenté a mi padre y él me aconsejó que sí, pero sólo diciendo lo que vi y viví, no tratando de buscar nada más. Acepté ver a Don Pedro cerca de la Avenida Barranca del Muerto, un viernes, en donde estaba Canal 8.

"El día de la cita fui temprano a Mexicana de Aviación, ya que tomaba clases de adiestramiento para ingresar a la compañía. Al ir sobre Periférico y antes de llegar a la salida de Barranca del Muerto, me alcanzó un carro negro, diplomático. Yo iba en el carril central, me alcanzó y se quedó junto a mí. Luego me alcanzó un segundo carro negro diplomático que se amarró enfrente de mí. Yo me iba a salir, pero bajaron dos tipos de cada uno de los autos, quienes iban vestidos de negro, su pelo color trigo, de color más o menos amarillo, lampiños, sin vello en la cara. Yo pensé que era alguna escolta, a la que me le había cerrado, no sé, cuando iba a bajarme del carro uno de ellos se apresura, me arrebata la portezuela, mete su cabeza y me dice en forma muy mecánica: 'Si aprecias en algo tu vida y la de tu familia, ya no hables más'.

"Fue lo único que me dijeron, se subieron a los carros y se fueron. La estatura de los cuatro era como de 2 metros, muy corpulentos, eran de tipo nórdico, su forma de hablar muy mecánica, muy exacta, o sea un español muy exacto, muy directo, frío, bien definido. Ya no fui con el Lic. Ferriz, me regresé a Mexicana de Aviación a buscar a mi papá.

"—¿No venían más coches?

"Los otros carros circulaban por el carril de baja. Yo creo que se habían imaginado que era un choque o un golpe y mi intención era esquivar al de enfrente, pero el caso es que me les amarré. Yo me hubiera tenido que echar en reversa y esquivarlo y pensé que si era una escolta o algo así, pues a ver qué problema.

"Entonces me dirigí a Mexicana de Aviación, donde trabajaba mi padre, quien me preguntó qué había pasado en mi entrevista con el Sr. Ferriz. Le platiqué exactamente lo que había sucedido y él me aconsejó dejar las cosas así, temeroso de que me o nos fuera a suceder algo grave.

"Estuve un rato en Mexicana y después me fui para la casa. Habló Don Pedro Ferriz, quejándose de que lo dejé plantado con todo, con la hora, con el material, con el personal y preguntándome qué había pasado. Le platiqué exactamente lo sucedido y le expresé mi temor de que le hicieran algo a cualquier persona de mi familia o a mí. Me contestó que le iba a pedir a Miguelito Alemán que me pusiera una patrulla para que nos cuidara.

"Me pidió que nos viéramos en otro lado, asegurándome que esas personas no hacían nada, que eran los mentados hombres de negro, que se dedican a persuadir, a asustar a aquellas personas que han tenido experiencias como la mía, pero no hacen ningún daño físico. Acepté que nos viéramos en Televicentro, en avenida Chapultepec. Me dio instrucciones para entrar y así le hice. Don Pedro Ferriz y Jacobo Zabludowsky hicieron su primera grabación, cada cual por separado, al igual que Patricia Suárez.

"Había otra persona con Patricia Suárez. Ella dijo: 'a continuación vamos a presentar a ustedes al capitán piloto aviador Carlos Antonio de los Santos Montiel, quien dice que vivió la experiencia de unos platillos. Claro, con el hambre que se cargaba, pues no era para menos'. En ese momento me disgusté y pensé que no se trataba de eso.

"Vino un colaborador de Patricia, no me acuerdo del nombre. Un señor muy canoso que trabajaba con ella y empezó a hacerme preguntas.

"Dijo: 'oiga capitán, a ver, usted dice que pernoctó en Zihuatanejo'.

"Le contesté: 'sí, señor'.

"Dijo: 'y usted dice que cenó ¿qué fue lo que cenó?'

"Y le respondí: 'esto y esto y esto'.

"Dijo: ' y después al día siguiente dice que desayunó, ¿qué desayunó usted?'

"Respondí que unos huevos rancheros, pan con mermelada, café, jugo de naranja.

"Dijo: 'oiga, aquí entre nos, (y estábamos al aire) '¿usted no le puso algo a sus huevos, a su desayuno?'.

"Le dije: 'no sé a qué se refiere, algo como qué, ¿una droga o algo así? Mire, yo tengo veintitantos años de edad y a la fecha nunca he probado ninguna droga, algún vicio, cigarro, licor, nada. No por los principios ya no de mis padres ni de las escuelas, sino de los míos propios'".

EL DR. J. ALLEN HYNEK SE INTERESA POR EL CASO DE CARLOS ANTONIO

"Bueno, más o menos como un mes después me volvió a hablar Pedro Ferriz para decirme que iba a venir un asesor técnico de la NASA que fue consejero de la Fuerza Aérea de los Estados Unidos, era el Doctor J. Allen Hynek, quien traía consigo una carta del Presidente Gerald Ford y quería hacerme una entrevista, porque se enteraron de mi experiencia.

"Una vez más acudí a mi papá, quien me aconsejó: 'adelante, pero igual, tú no digas ni más ni menos, di exactamente lo que viviste y nada más no trates de buscar una publicidad o un impacto que a ti no te sirve de nada'. Acepté y entonces me pidió acompañarlo por él al Aeropuerto. Fuimos su hijo Pedro chico, mi hermano Jorge, Don Pedro y yo. Llegó el Dr. J. Allen Hynek un viernes y al irlo a dejar al hotel me pidió que de una vez platicáramos.

"Estuvimos en su suite, en una sala, sacó grabadoras y comenzó a hacer preguntas. Pero ya no las preguntas estúpidas ni morbosas de Patricia Suárez ni de su gente. Preguntó: 'Oye, ¿tú eres piloto?' Respondí que sí. '¿Piloto comercial?' Respondí que sí. '¿Traías en tu avión un velocímetro?' Dije que sí.

'¿Cómo trabaja y de acuerdo a qué trabaja el velocímetro?' Le dije que un velocímetro es un manómetro diferencial. Trabaja por medio de una diferencia de presiones y esa diferencia de presiones es lo que hace que dé la lectura la manecilla. Entra una presión de impacto y bueno, ya son tecnicismos. Dijo: 'OK, ahora ¿cómo trabaja tu altímetro? ¿Traes un altímetro, no? ¿Cómo trabaja el altímetro y de acuerdo a qué trabaja el altímetro?' Respondí: 'pues igual, es un manómetro también diferencial que trabaja por presión de impacto. La presión se bifurca, una presión se va hacia un manómetro y el otro hacia una cápsula aneroide, igual...' y así desmenuzó toda la cabina... ¿cómo trabaja esto...? ¿cómo trabaja lo otro...? ¿ cómo trabaja aquello? Un examen de piloto comercial. ¿Qué es una aerovía?, ¿qué es Tequesquitengo?, ¿qué es un VOR?, ¿qué es centro México?, ¿cuál es la frecuencia de emergencia...?, ¿cuál es el sistema de aterrizaje de emergencia?, en fin, ese tipo de preguntas. Todo quedó grabado, aproximadamente como cuatro horas.

"Ya que terminó me dijo: 'te has de preguntar por qué te hago este tipo de preguntas ¿no?, pues la verdad sí, porque es un examen de piloto comercial; una persona puede ser dueño de su avión y volarlo y no es piloto. No sabe lo que está haciendo. Él vuela, y despega y aterriza y es el dueño del avión y saca su licencia de piloto privado y vuela. Pero tú eres piloto comercial, ya vimos ese caso, ahora platícame tu experiencia, ¿qué pasó? ¿cómo te sucedió la experiencia?'

Entonces le platiqué que fui a La Villita, a Lázaro Cárdenas, después a Zihuatanejo, y de Zihuatanejo, el domingo 3 de mayo de 1975... la experiencia. Una vez terminada la entrevista el Dr. Hynek me invitó a desayunar a solas el siguiente domingo. (Allí estaban Jorge, Don Pedro y Pedro chico). Me pidió ir solo, porque quería decirme unas cosas muy confidenciales, muy privadas únicamente a mí. Acepté y me citó a las 9 de la mañana".

NUEVAMENTE LOS HOMBRES DE NEGRO PRESIONAN A CARLOS ANTONIO

"El domingo me levanté temprano y me dirigí a cumplir mi cita con el Dr. J. Allen Hynek. Llegué temprano. Eran unas suites que estaban en Insurgentes... en El Diplomático. Estacioné mi carro en el arroyo de la calle, a un lado de la banqueta. Iba guardando las llaves con la mirada hacia abajo subiendo unas escaleritas del hotel, cuando a media escalera siento un manotazo en el pecho. Volteo y era uno de los mismos 'roperos' que me habían parado la otra vez y me dice: 'se te advirtió una vez, ésta es la segunda'. Entonces allí sí ya me armé de un poco de valor y le dije: 'Oiga, yo no creo estar haciendo mal a nadie. Si yo puedo aportar algo útil porque a mí me sucedió una emergencia y salí bien de ello y además pues viví algo que hasta el momento para mí no tiene ninguna lógica, ninguna explicación, una experiencia fenomenal y no tengo ningún inconveniente en aportar algo, si es que hay algo de utilidad'. Dijo: 'date la media vuelta y vete. No vas a pasar a ver al doctor'. 'Es que me invitó a desayunar'. 'Date la media vuelta y vete'.

"—¿Con el mismo tono que nos hiciste la anterior referencia?

"—Sí. Igualito, y no te puedo decir cuál de los cuatro era porque eran iguales.

"—No sé si podrías más o menos hacer semejante la forma mecanizada.

"—Por ejemplo, la primera vez cuando me dijeron: 'Si aprecias en algo tu vida y la de tu familia, ya no hables más', yo lo estoy hablando así. Pero si me dicen en una forma más mecánica SI-APRECIAS-EN-ALGO-TU-VIDA-Y-LA-DE-TU-FAMILIA-NO-HABLES-MÁS (pausando) pero en una forma más amenazadora, más solemne, sobre todo amenazadora, intimidante.

"—Ahora que dices mecánica quieres decir no como humano, sino como una máquina, como un robot.

"—No, por su forma tan exacta de hablar. Porque nosotros en el fluido del lenguaje cortamos las palabras y ellos no, palabra por palabra 'si-aprecias-en-algo-tu-vida-no-hables-más' a eso es a lo que me refiero en lo mecánico. No que hubiera sido un robot. Ya no pasé a desayunar. Entonces me fui inmediatamente a Televicentro a ver a Pedro Ferriz. Me preguntó '¿qué pasó? ¿no desayunaste con el Dr. J. Allen Hynek?' Le respondí que no, le platiqué lo que había sucedido y le expresé que sentía más peligro en esta situación.

Me dio la razón y me pidió que dejáramos de vernos un tiempo porque esta vez sí lo consideraba más delicado.

"Le dije: 'lo que sí le pido es que llame por teléfono al Dr. Hynek o le mande una carta disculpándome, no vaya a pensar que es una majadería de mi parte', dijo: 'no te preocupes, yo me encargo de ello'".

GRANDES UFÓLOGOS INTERNACIONALES SE INTERESAN POR EL CASO DE CARLOS ANTONIO

"En los primeros meses de 1977 me habla Pedro Ferriz y me dijo que iba a haber una convención de OVNIs en Acapulco. 'Van a estar presentes el Dr. J. Allen Hynek, el Dr. Roy Stanford, Jacques Vallée, el Sr. Spalding, todos ellos forman un equipo y quieren ver la posibilidad de que tú estés presente. Yo le dije al Dr. J. Allen Hynek, sin que tú me dijeras, que tú ibas a estar presente. No sé si hice bien, ¿puedes ir?' Le dije 'pues sí, Don Pedro. Déjeme pensarlo'.

"Le digo a mi papá y me dice 'pues tú ve, lo que puedas aportar. No digas ni más ni menos. Tú ve con ellos y si ellos te van a pagar todo'. Le digo 'si, incluso a mi y a Jorge, que lleve yo un acompañante'. 'Pues ve', y fuimos y le dio mucho gusto al Dr. Hynek, nos identificamos mucho. Entonces estaba todo muy interesante, muy padre, pasaron muchas experiencias.

"En el primer Congreso Internacional del Fenómeno OVNI pasé al estrado, expuse toda mi experiencia, pasaron diapositivas de las declaraciones de los controladores, copias de los exámenes médicos que se me practicaron, estuvo completo todo el material. Y estaba muy a la expectativa, porque después llega un muchacho un tal Guerra, Federico Guerra o Felipe Guerra y me dice (estaba yo, estaba Jorge, estaban otras personas) 'Oye, tú eres Carlos Antonio de los Santos Montiel' y le digo 'sí', y él dice 'yo soy Felipe Guerra. Mucho gusto. Yo he tenido contacto con seres extraterrestres y ellos quieren hablar contigo' y le digo '¿ahorita?' Y me dice, 'sí' 'y dónde están ellos?' y me dice 'ellos están en su nave espacial, están en el espacio' 'y cómo voy a ir yo con ellos? Yo si voy pero cómo voy con ellos, qué me van a mandar una nave, o qué?' 'mira, yo traigo unos papeles'. Se abrió la camisa y sacó unos papeles y traía un papel dibujando un caracol, una especie de caparazón de caracol y le digo 'y eso qué es' y me dice 'es la nave de ellos, es la nave que está allá arriba'. Y le digo 'vamos a hacer una cosa: yo no tengo una nave para ir allá arriba, no sé a qué altitud o a qué nivel estén, o si están afuera de la atmósfera, no sé en dónde estén.

Si tú tienes contacto con ellos diles que vengan y platicamos, dialogamos, no sé en qué forma quieren saber de mí, diles que yo no tengo una nave, yo sólo estoy aquí, cómo voy a ir con ellos'. 'Bueno, pero es que tú dime, es que ellos me dijeron...' Le dije 'tú diles que vengan, yo aquí estoy, no me voy a ir y yo con mucho gusto platico con ellos, yo no tengo ningún inconveniente en presentarme con ellos. Anda, ve y diles'. 'Bueno' y se fue. Entonces nos quedamos a la expectativa.

"Alguien dice: a continuación viene no sé quién se iba a presentar con un ser extraterrestre. Entonces en la parte de enfrente estaban todas las celebridades y estaba Salvador Pellicer y entre ellos Jean Norrie... Entonces Jorge, yo, nos sentados atrás y comenzaron a gritar Jean Norrie, algo le estaba discutiendo a la persona que entró, porque entró un señor con un ser pequeñito y caminaba vaciado entonces yo sí creí que era un ser extraterrestre, pero ya para entonces Norrie estaba diciéndole (el señor era de origen inglés) y le dice que no, que no era un ser extraterrestre lo que llevaba allí.

Lo que llevaba era un simio, era un chimpancé y este señor había agarrado a un chimpancé y lo había rasurado lo afeitó todito y lo vistió.

"Eso fue el domingo. El lunes sale en el *Excélsior* dice 'La convención de Ovnis en Acapulco una sátira de locos', a raíz de eso. Entonces le digo a Jorge '... y entre esos estamos nosotros'. Entonces se presentó esa trifulca. Llegó la hora de un receso y le digo a Jorge que fuéramos a comer algo, esto ya se desbocó. Respecto al monito, ya no lo presentaron, se interrumpió todo... Vamos a comer algo, nos bajamos a un comedor. Estábamos comiendo tranquilos y vimos que empezaba a correr gente. A un lado de nosotros y digo ¿qué pasa? Entonces pasa un cuate y grita 'aquí están?' Y vienen todos y viene el Dr. Hynek muy asustado y me dice '¿Carlos, estás bien?' (él hablaba muy poco español) Roger Stanford hablaba un español perfecto. Le digo 'sí ¿por qué?' es que venimos a comer como vimos que ya se estaban peleando. Y dice, 'no, es que yo pensé en los hombres de negro, qué bueno, ya terminaron de comer, vámonos para arriba'. Se terminó la sesión no recuerdo ya como la finiquitaron y al día siguiente hubo un cóctel. Hicieron incluso algo de los toltecas".

MANUEL SOSA DE LA VEGA CONOCE A CARLOS ANTONIO

"En una grada estábamos nosotros, en la clausura de la convención. Pasó el tiempo y la gente me seguía tratando mal, me seguían cerrando las puertas, de quien sí obtuve un apoyo enorme fue de un señor que se llamaba Manuel Sosa de la Vega, que fue director de Mexicana de Aviación, un señor ya grande, una bellísima persona.

"Y me dice 'Oye, Chato, por qué está pasando esto contigo, qué pasa?' 'Dice el capitán Fierro que reprobé tres sistemas y yo estoy pidiendo que se me haga una reevaluación de esos sistemas'. El sabía de mi experiencia con los OVNIs y me dice, 'oye Chato me voy a atrever a platicarte algo, porque yo sí creo en los OVNIs. Mira, en una ocasión estaba yo con mi esposa en el cine. Y de repente me entró una desesperación y le digo a mi esposa vámonos. Me dice mi esposa ¿qué? y le digo vámonos, vámonos, a la casa. Oye espérate Manuel qué te sientes mal, qué te pasa. Le dije vámonos, vámonos y nos salimos de la película. Ya en la casa preguntó mi esposa si me preparaba un te y yo me metí al estudio, a la biblioteca y allí estaba reclinado, descansando y la puerta estaba cerrada.

"Sin que ésta se abriera un ser atravesó la puerta, pero era un ser vestido de piloto, con su uniforme y sus cuatro barras. Y me dice: Don Manuel soy fulano de tal (era aquél piloto que se había estrellado en Monterrey en el Pico del Fraile cuando iban Madrazo y el Pelón Osuna), dice 'nos acabamos de accidentar'. Como hubo una estrecha relación de amistad entre Don Manuel y este capitán piloto aviador se fue a despedir de él. Le dijo 'únicamente me vengo a despedir de usted, porque ya no nos vamos a volver a ver. Ocurrió este accidente'. Entonces viene su esposa, le da el té y le platica lo que le sucedió. Se estaba tomando el té y a los 10 o 15 minutos suena el teléfono y era de la compañía, avisándole que se acababa de accidentar el avión, el vuelo fulano de tal, en Monterrey. Y me dice ¿tú que opinas de eso?' 'La verdad yo si creo en eso, Don Manuel porque el cuerpo humano es materia, es correcto, pero el alma, el espíritu es lo que hace mover a la materia, al cuerpo'.

Entonces me dice Don Manuel '¿Cómo ves, Chato, tú que opinas de esto? Yo la verdad sí creo en tu experiencia de los OVNIs. Yo nunca he tenido oportunidad de ver algo, tú sabes, yo soy Director General de Mexicana de Aviación, a lo mejor tú no sabes cómo me inicié yo aquí'. Dice 'yo fui mensajero, desde abajo comencé he vivido muchísimas cosas, y lo más impactante que he vivido es eso. El capitán fulano de tal se hizo presente ante mí ya había fallecido y se vino a despedir de mí'. Le dije 'yo sí creo en eso'".

CONTINÚA LA EXPERIENCIA

"El color de los OVNIs que me siguieron eran de un gris oscuro, pero sin brillo, metálico, opaco, a pesar de que el sol estaba encima de nosotros. No reflejaba, era un color mate, tenían una especie de parabrisas pero no a todo alrededor, eso te da una idea te hace un cuestionamiento: yo así lo he llegado a pensar, de que este tipo de naves al tener un parabrisa quiere decir que va en un sentido, porque vi por allí algunas declaraciones de que los platillos voladores, las naves, pueden viajar en un sentido o en otro pero lo derecho es lo derecho y lo chueco es lo chueco."

"—¿Pero no podría haber varios o diferentes modelos?

"—Varios modelos sí, hay una infinidad.

"—Mira, esto que nosotros pudiéramos llamarle fuselaje, es de color gris obscuro sin brillo metálico, color mate, y de aquí a acá, nosotros le llamamos eje longitudinal y de aquí a acá tenía una distancia como de 3 a 4 metros de diámetro, si se le puede llamar diámetro, porque no es una esfera, su eje longitudinal. Y el espesor o sea el interior, de un metro 50 a un metro 70 o sea como un carro, calculando, podrían venir 2 tripulantes, si es que tripulaban.

"—Decías que no tenía ni un remache, que en los coches ves los remaches y aquí no.

"—Así es, liso, liso, de una sola pieza".

La experiencia de Carlos Antonio de los Santos Montiel pensamos que es única en el mundo, existen demasiadas evidencias para negar tal acontecimiento, radaristas y pilotos certificaron la autenticidad del caso. Incluso un avión Ler Jet constató visualmente a los tres objetos que magnetizaron la avioneta del capitán de los Santos. En particular Carlos Antonio de los Santos jamás se prestaría a contar algo que no hubiera acontecido, él tiene una hermosa familia y actualmente sigue trabajando en el campo de la aviación que es su pasión profesional y espera más adelante dar más detalles de su experiencia en un propio libro en donde él relatará muchas de sus vivencias no contadas en esta entrevista.

Agradecemos profundamente al capitán Carlos Antonio, el habernos relatado en forma directa y particular su increíble experiencia.

Los Testigos de Élite 375

Fotografía cortesía del CPA Carlos Antonio de los Santos Montiel de la Avioneta Pipper, matrícula XB-XAU, piloteada por él mismo en su aproximación al AICM y donde se puede apreciar un detalle muy significativo, el tren de aterrizaje "atascado" tal y como lo refirió en su comunicación a la torre de control, el 3 de mayo de 1975.

Fotografía cortesía del CPA Carlos Antonio de los Santos Montiel de la Avioneta XB-XAU (Extra-Bravo-Extra-Alfa-Unión), tomada en días posteriores al incidente en que tres OVNIs lo escoltaron desde la vertical del lago de Tequesquitengo hasta el Distrito Federal.

DIRECCION GENERAL DE AERONAUTICA CIVIL.
OFICINA DE AUTORIDADES AERONAUTICAS.
AEROPUERTO INTERNACIONAL DE MEXICO.

ACTA.

- - - En el local que ocupa la Oficina de Autoridades Aeronáuticas en el Aeropuerto Internacional de México, siendo las trece treinta y cinco del día ocho de mayo de mil novecientos setenta y cinco el C. CAP.P.A. AUGUSTO RAMIREZ ALTAMIRANO, en su carácter de Jefe de la Primera Región de Inspección Aeronáutica y fungiendo como testigos de asistencia los Ciudadanos AGUSTIN VELASCO ALEGRIA y GILBERTO RAMIREZ CASTAÑEDA, proceda a levantar la presente ACTA como complemento a la declaración que rindiera en esta Oficina el día 6 de los corrientes el Capitán CARLOS ANTONIO DE LOS SANTOS MONTIEL, relativa al incidente de vuelo ocurrido el día 3 de mayo al trasladarse del Aeropuerto de Zihuatanejo al de México.- -
El día de la fecha y hora indicada se presentaron en esta Oficina los Ciudadanos JULIO CESAR INTERIAN DIAZ y EMILIO ESTAÑOL LOPEZ, Controladores Radar Terminal y Controlador Aproximación. En uso de la palabra el C. JULIO CESAR INTERIAN DIAZ bajo protesta de decir la verdad y apercibido de las penas a que se hacen acreedores quienes declaran en falsedad, expone: llamarse como quedó asentado, de nacionalidad mexicana, casado, de veintiocho años de edad y con domicilio en Calle 631 No. 250, Sección IV Aragón, en esta Ciudad, titular de la Licencia de Controlador de Area 163, en vigor. Con relación a los motivos por los que se levanta la presente actuación, dice: "..... Que a las doce veinticinco hora local, en la frecuencia de 119.7 me informó el XB-XAU me informó que lo tenían rodeado tres objetos d no identificados y que no tenía control de la aeronave, también informó estar elevándose sin querer hacerlo y en ese momento estar abandonando 15,300 pies, se observó un eco radar aproximadamente 28 millas al sur de México, con rumbo norte que coincidía con la información dada por el XAU, cabe aclarar que en caso de que hayan estado muy pegados estos objetos a ela aeronave no es posible detectarlos por el radar, o sea que nada más se observa un eco; aproximadamente 15 millas al sur de México donde se nos perdió el contacto radar con el XAU se le volvió a preguntar si yá tenía control de la aeronave , contestó que negativo y unos diez segundos e después nos informó que lo acababan de abandonar dichos objetos y que se alejaban a la derecha de él con rumbo oeste y que el continuaba su descenso visual al Aeropuerto de México, observé en la pantalla radar aproximadamente a 14 millas al sureste del Aeropuerto un eco bastante rápido a una velocidad aproximada de 400 a 450 nudos con rumbo Este que efectuó un viraje de 270 grados hacia la izquierda y se perdió a 20 millas exactamente donde se inicia la zona del Popo, lo extraño de esta observación fué que el eco efectuó el viraje a esa velocidad en un radio aproximado de 3 a 4 millas.- -

Acta oficial de la Secretaría de Comunicaciones y Transportes donde se asentó la declaración del capitán Carlos Antonio de los Santos Montiel, especificando detalladamente la experiencia y certificando los ecos registrados por los controladores señores Emilio Estañol López y Julio Interian Díaz del aeropuerto de la Ciudad de México.

radio aeronáutica mexicana, s.a.
boulevard puerto aéreo 485
méxico 9, d.f.   tel. 571-35-00

12 DE MAYO, 1977

EXP. 37

DTA-190/77

A QUIEN CORRESPONDA:

A SOLICITUD DEL CAP. P.A. CARLOS ANTONIO DE LOS SANTOS MONTIEL, QUEREMOS HACER CONSTAR LO SIGUIENTE:

EL DÍA 3 DE MAYO DE 1975, SIENDO LAS 1800Z HRS., LA AERONAVE MATRÍCULA XB-XAU PILOTEADA POR EL CAPITÁN ANTES CITADO, REPORTÓ EN LA FRECUENCIA DE 128.5 MHZ AL CENTRO DE CONTROL DE MÉXICO, EN LA CONDICIÓN DE EMERGENCIA, OBJETOS VOLADORES NO IDENTIFICADOS A SU ALREDEDOR.

DEBIDO A ESTA SITUACIÓN EL CENTRO DE CONTROL PROCEDIÓ A DARLE ATENCIÓN ESPECIAL A DICHA AERONAVE, YA QUE HABÍA REPORTADO UNA CONDICIÓN DE EMERGENCIA.

POSTERIORMENTE AL APROXIMARSE AL VALLE DE MÉXICO SE PROCEDIÓ A EXPEDIR INSTRUCCIONES A LA AERONAVE A VOLAR DE TAL MANERA QUE PUDIERA SER DETECTADA POR EL RADAR, LO CUAL SE LOGRÓ APROXIMADAMENTE A UNA DISTANCIA DE 35 M.N. AL SUR DEL AEROPUERTO, OBLIGANDO AL PILOTO A MANTENER UNA ALTITUD DE 15,000 PIES Y DE EFECTUAR DIFERENTES MANIOBRAS, CON EL OBJETO DE MANTENER Y VERIFICAR SU IDENTIFICACIÓN EN EL RADAR, YA QUE POR ENCONTRARSE EN UNA ÁREA MONTAÑOSA SE DIFICULTABA UNA DETECCIÓN CONTINUA DE LAS AERONAVES QUE SOBREVUELAN DICHA ÁREA.

POSTERIORMENTE Y A INFORMACIÓN PROPORCIONADA POR EL CAPITÁN AL MANDO DE DICHA AERONAVE, LOS CONTROLADORES RESPONSABLES EN ESOS MOMENTOS DE LA POSICIÓN DE CONTROL TERMINAL OBSERVARON TRES ECOS NO IDENTIFICADOS Y MUY PRÓXIMOS A ESTA AERONAVE, LOS CUALES Y EN EL MOMENTO DE PROPORCIONAR INFORMACIÓN DEL PILOTO DE QUE DICHOS DICHOS OBJETOS SE ALEJABAN DE SU AERONAVE, FUERON OBSERVADOS EN LA PANTALLA DE RADAR QUE ÉSTOS SE ALEJARON CON UN RUMBO APROXIMADO DE 90º, NO SIN ANTES HABER HECHO UN VIRAJE DE 270º A LA DERECHA A UNA VELOCIDAD MUY ALTA Y OCUPANDO EN SU MANIOBRA UN ESPACIO MUY REDUCIDO, LO CUAL CAUSÓ EXTRAÑEZA EN LOS CONTROLADORES DEBIDO A QUE

#...

Carta expedida por RAMSA donde se certifica el acontecimiento de la experiencia de emergencia que el capitán piloto aviador Carlos Antonio de los Santos Montiel tuvo con tres tráficos desconocidos, el documento está firmado por el Jefe de Departamento de los Servicios de Tránsito Aéreo.

radio aeronáutica mexicana, s.a.
boulevard puerto aéreo 485
méxico 9, d.f.   tel. 571-35-00

12 DE MAYO, 1977   #2.
EXP. 37
DTA-190/77

A QUIEN CORRESPONDA,

CONSIDERARON QUE ADEMÁS DE NO EXISTIR NINGÚN OTRO TRÁFICO REPORTADO EN LAS PROXIMIDADES DE LA AERONAVE, NINGÚN OTRO TIPO DE AERONAVE CONOCIDO PODRÍA EFECTUAR DICHAS MANIOBRAS Y ALCANZAR UN DESPLAZAMIENTO TAN ALTO.

DEBIDO A LA SITUACIÓN DE EMERGENCIA REPORTADA POR EL CAPITÁN AL MANDO DE LA AERONAVE ANTES MENCIONADA Y AL FENÓMENO QUE SE PRESENTÓ CON RESPECTO A ESTO, LOS CONTROLADORES INVOLUCRADOS ELABORARON UN REPORTE DETALLADO A ESTA EMPRESA DE LO SUCEDIDO.

POR LO ANTERIOR Y DEBIDO AL TIEMPO TRANSCURRIDO ENTRE LA FECHA DE DICHO INCIDENTE Y LA ACTUAL, ESTA EMPRESA NO SE ENCUENTRA EN CONDICIONES DE PROPORCIONAR COPIA DEL REPORTE ANTES MENCIONADO. SIN EMBARGO, DESEAMOS RATIFICAR EL INFORME DE DICHOS CONTROLADORES, DEBIDO A SU GRAN EXPERIENCIA Y PROFESIONALISMO QUE SIEMPRE HAN DEMOSTRADO EN EL DESEMPEÑO DE SUS FUNCIONES.

EXPEDIMOS LA PRESENTE PARA LOS FINES PERTINENTES.

ATENTAMENTE,

JAIME ZAPIAIN MUÑOZ,
JEFE DEL DEPTO. DE LOS SERVICIOS
DE TRANSITO AEREO.

C.C.P. ING. ENRIQUE MÉNDEZ FERNÁNDEZ.- DIRECTOR GRAL. RAMSA.
   "   CAP. P.A. CARLOS ANTONIO DE LOS SANTOS MONTIEL.- PTE.

JZM/RHF.

Otra carta expedida por RAMSA donde se certifica el acontecimiento de la experiencia de emergencia que el capitán piloto aviador Carlos Antonio de los Santos Montiel tuvo con tres tráficos desconocidos, el documento está firmado por el Jefe de Departamento de los Servicios de Tránsito Aéreo.

Plan de vuelo del capitán Carlos Antonio de los Santos Montiel del 3 de mayo de 1975.

Enrique Kolbeck

**ENTREVISTA A REALIZADA
EL 23 DE JUNIO DE 1999**

Por Alfonso Salazar Mendoza
y Carlos A. Guzmán Rojas

El Sr. Enrique Kolbeck es controlador aéreo de la aviación comercial mexicana, posee una experiencia de más de 20 años como profesional de la aviación, desde hace varios años ha dado a conocer a diversos medios de comunicación, los encuentros de aviones civiles de pasajeros y de ejecutivos con objetos voladores no identificados.

Su trabajo lo realiza desde Centro México (es el Centro de Control Aéreo de la República Mexicana, localizado en la ciudad de México en el Aeropuerto Internacional), donde en ese punto se controlan todas las operaciones de despegue y aterrizaje de los vuelos de aviones que se realizan en el espacio aéreo mexicano de esa terminal, así como el seguimiento y rastreo de aviones extranjeros que cruzan el espacio aéreo de México y cualquier aeronave que aparezca en sus pantallas. Centro México está en constante comunicación con las diferentes torres de control de la República Mexicana, entrelazando las comunicaciones de la red de operación aérea mexicana.

Muchas de las observaciones de encuentros de Ovnis con aviones, el Sr. Enrique Kolbeck los ha conocido a través de: pilotos, controladores y personal de tierra, éstas las ha dado a conocer a varios medios de comunicación, ya que él considera que es un asunto demasiado serio para dejarlo pasar inadvertido o más aún burlarse de este mismo.

A continuación presentamos a nuestro juicio una extraordinaria entrevista que nos viene a aclarar la situación <u>Oficial y No Oficial del fenómeno de los OVNIs en la aeronáutica mexicana</u>, juzgue usted lector la valía de esta única entrevista concedida en exclusiva a los autores de esta obra.

¿Qué ha observado de raro en las pantallas de radar, refiriéndose a objetos no convencionales?

"He observado muchísimas cosas sin explicación, por ejemplo ecos que no tenían razón de existir, estos ecos son reflejados en la pantalla de radar y no necesariamente debido a basura, estática u otros fenómenos de obstrucción natural".

Los Testigos de Élite

¿Que puede interferir con la señal del radar?

"Descartando esas posibilidades de ecos radar, no tienen por lo tanto la justificación de estar en trayectorias que deben de estar limpias o, por el contrario, reservadas ya sea para tráfico comercial, privado u oficial".

¿Cómo se diferencian en la pantalla de radar un avión y un objeto volador no identificado?

"En áreas primarias, donde el radar es terminal, se tienen dos señales: una se llama señal de eco primario y la otra secundaria, y explico por qué:

"El eco primario equivale al reflejo crudo de la señal emitida por la antena y el regreso de ésta por la misma vía acontecida en fracciones infinitamente pequeñas de segundo y que es captado por el equipo de radio que la manda, por un equipo de procesamiento a la pantalla que refleja tal como es, entonces ese eco, se llama eco crudo, y éste es únicamente el reflejo de la señal emitida por tierra a la antena que en su momento lo detecta, esto ocurría en las pantallas de grafito donde se quemaba la imagen por el medio de ciertas acciones que un ingeniero lo podría explicar mejor que yo, antes sólo veíamos el reflejo sin ninguna identificación, el eco es eso, un reflejo y se ve una especie de comita, un puntito amorfo que empieza a desplazarse, sabemos que trigonométricamente se desplaza, entonces concatena con la posición reportada por el piloto y la que yo observo en el video de la pantalla (video mapa), concatenamos que eso es un eco, por lo tanto ese es el eco primario, hablando de una aeronave normal convencional común y corriente.

"El eco secundario equivale a la consecuencia de una computadora que con una serie de programas establece por medio de funciones, la posición de la aeronave dice cómo se llama, cuál es su altitud, cuál es su velocidad, también con los mismos efectos trigonométricos que la anterior, pero específicamente para saber altura y velocidad, asociándola al mismo eco primario, entonces en áreas terminales en donde estos radares funcionan, tenemos las dos señales incluidas en el mismo eco, es un cuadrito, con un punto, aparece un vector de posición en el cual aparece una etiqueta; ahora con este radar de mono pulso que dice la aerolínea, número de vuelo, informa el tipo de aeronave, la altitud, la velocidad que mantiene y la altitud a la que fue autorizado volar.

"Cada vez que esta aeronave cambia estos parámetros que son detectados por la antena, se modifican en ascenso o en descenso entrando también en función con el transponder.

"Esta información se manda en código binario a tierra y solamente debe corresponder al código de pregunta, entonces cuando eso se da, estamos hablando de una aeronave identificada, ahora ¿cómo se presenta un eco no identificado?, bueno es con la simple señal, con el simple reflejo de la señal y con el desplazamiento.

"Se pueden calcular con la computadora su velocidad y la distancia y asimismo con respecto a un punto de referencia cómo está volando, pero ignoramos si asciende o desciende, ignoramos su velocidad, pero la podemos calcular y su dirección en la trayectoria en la que se mueve, <u>y además no corresponde a ninguna de las informaciones reconocidas por la computadora</u>, tan es así que no se le asocia con ninguna, no tiene transponder, por tal condición tampoco aparece en la pantalla como un punto, pero este punto es digitalizado, pasa por una serie de filtros de información muy específicos, donde está el eliminador de esos ecos fijos, parámetros de talla y medida etc., <u>por eso es que no detectamos con estos radares papalotitos, globos o cosas por el estilo porque están fuera del parámetro de detección, donde ese parámetro se ubica</u>, todas esas cosas nos hacen suponer que estamos hablando de un eco no identificado".

¿Cómo se identifican los helicópteros en el radar?

"Los helicópteros sí son identificados en el radar, en el Centro de Control se radia desde los 500 pies hacia arriba, una aeronave en tierra con código transponder activado se ve en tierra, se va a ver ahí también un radar de superficie que ve a los tráficos de tierra, sirve para verlos en las calles de rodaje como en muchos otros países, cuando se apaga el código transponder se apaga la señal y ya no se observa ese eco sintético y el cono primario se va a manifestar, pero se tendría un conglomerado de puntos, entonces ese no funciona para nosotros en vuelo, lo que funciona para nosotros en vuelo, y nos interesa, son objetos que se encuentran en el aire volando y estos corresponden al diseño del rastreo, para estos diseños la antena tiene una apertura específica que va ampliándose hasta el infinito, tiene una potencia de radiación "X" que nos permite un rango de detección positiva, la cual está situada a ciertos grados por encima del horizonte para que todo lo que penetre en ese haz al estar circulando de detección desde los tres grados hacia el infinito sea detectable, pero es evidente que estos tres grados van a ser más amplios con respecto al suelo, a las 50 millas no van a ser los mismos tres grados o seis grados que estén pegados, entonces una aeronave que esté a unos 500 metros va a ser detectada dentro de ese marco, a 500 pies o menos, pero una aeronave que esté a 500 pies o menos a las 50 millas sale del ángulo de detección de este radar.

"Por eso sabemos que es un eco detectado positivamente e identificado y otros que no lo son para nosotros son ecos no identificados, cambia la contextura del eco cuando el piloto reporta tenerlo a la vista y si eso te dice además que no es avión estamos hablando de un... y si me dice que está viendo una luz, las aeronaves en México y en el mundo no emiten luz, eso evita que un piloto las vea a 3 millas y diga no saber qué aeronave es, nada más ve una luz; eso es imposible, ni en la noche ocurre, porque hay una serie de factores en el avión como los faros de posición, los estorbos, una serie de luces, pero eso es sumamente importante, al piloto le digo que lo tengo detectado en el radar, veo que es un eco que se está moviendo y el OVNI es un eco digitalizado que se está moviendo, y luego el piloto observa y me dice 'tengo una luz al frente', pero el radar no detecta luz, detecta objetos cuando se reflejan por medio de una señal electromagnética, el objeto independientemente de la forma que tenga produce esa luz e impide que cualquier otra persona en ese mismo parámetro en el mismo medio lo tenga a la vista. Esta persona que lo ve me reporta a mí, que tengo una pantalla de radar al frente. 'Estoy observando...' dice el piloto, 'estoy observando una luz de tal y cual descripción'. Es de suponer que aquella luz que está viendo el piloto está siendo captada por el radar, aparece en la pantalla del radar, aquella luz es producida por un objeto".

Puesto que usted, aparte de controlador aéreo es piloto ¿qué haría si se encontrara con un OVNI en vuelo?, ¿lo reportaría, o no lo reportaría?

"El grado de censura en nuestro país está situado en otros menesteres, las prioridades son diferentes. Y si tiene afectación conmigo directamente yo lo tengo que reportar, <u>además es un hecho importante que puede tener una transcendencia posterior que desconozca o de la que yo pueda tener conocimiento en ese momento</u>, que tal si me golpea, si estoy volando, en el caso de que yo esté en Tierra de todas maneras hay costumbre, hay gente que observa estos hechos en la pantalla, y la pregunta es cómo es que no les llama la atención a muchos otros, de lo que están viendo en la pantalla, la gente se acostumbra a ver un fenómeno de esta categoría.

"Hay pilotos que no lo reportan, se acostumbran a ver el fenómeno y no se preocupan de la naturaleza del mismo y es más fácil echarle la culpa a un equipo, pensando en que está fallando a pensar que está trabajando muy bien y entonces ¿qué es lo que esta sucediendo allí?

"Cada vez que tengo un eco que no está ubicado en mi pantalla, si tiene transcendencia con la trayectoria de una aeronave es obligación del servicio, así lo dice el reglamento y así lo informo al piloto: tiene usted un eco desconocido en tal posición, moviéndose en tal condición".

¿A qué altura se detectan los OVNIs, sobre la ciudad de México?

"La condición de detección, es el rango del radar, el radar tiene hasta los 40,000 pies de certificación, puede ser más en función de la propagación atmosférica, va a depender de las condiciones atmosféricas y de la condición de techo de la misma, del grado de propagación que tengan va a depender el rango en la altura, la distancia va a ser la potencia de la antena, el diseño de ésta y la lejanía es lo que te va a dar el rango, a qué distancia, hasta dónde es capaz un radar de detectar un eco, y esto va a depender de la antena, obviamente del diseño y su potencia.

"En el aeropuerto si se está dando dentro del área, desde los 500 pies hasta los 40,000 pies en forma primaria, como eco primario hasta las 50 millas en combinación con otros radares que tengan eco primario en su detección que generalmente son áreas terminales, como en el de Toluca y el de México, la altura requerida va a depender del reporte del piloto, con el eco primario, no se tiene referencia de altura, tenemos referencia de posición, con respecto al video mapa de la pantalla y de la antena del radar que lo está detectando, tenemos movimiento, de ésta en valor escalar y por supuesto podemos saber su velocidad pero la altura no, no sabemos si desciende o asciende, sólo sabemos que está ahí volando.

"Toluca reporta en ocasiones la detección de estos objetos y nos informan 'tenemos un tráfico aquí en esta su pantalla'.

"Centro México: 'No, no lo tenemos'.

"Toluca: 'Entonces estamos hablando de un eco no identificado', como se pueden clasificar los ecos que capta la pantalla de radar, va a depender la eliminación de ese eco primario, si es un eco simple y sencillamente no identificado, o tráfico no identificado o lo que normalmente ustedes conocen como OVNI".

¿Qué le han descrito los pilotos que le han reportado algo raro en el cielo?

"Objetos, luces, eso es lo que normalmente reportan cuando los tienen a la vista o tienen ingerencia directamente como es el caso del XA-PUY (EXTRA-ALFA-PAPA UNIÓN-YANKI) que los vio cerca, lo rodearon y siguieron. Esto sucedió hace unos días hacia las 3 de la madrugada en el área que corresponde entre Ciudad Victoria y Tamuín.

"Lo que generalmente reportan es una luz, hay otros pilotos que reportan tráfico, pero son mesurados al reportar esta clase de tráfico, cuando dicen tráfico no dicen es un OVNI, sino es un tráfico, porque semánticamente es un tráfico, que constituye parte del tráfico aéreo en un momento dado para nosotros sigue siendo un tráfico desconocido, cuando el piloto reporta el tráfico, como es el caso del capitán Corzo que reportó tener a la vista una 'mantarraya' de color platino, que iba a chocar contra ellos. Hay otros que reportan esferas metálicas y otros que reportan objetos como si fueran lápices, y otros que reportan luces, entonces es en ese grado, en esa magnitud, en esa gama de reportes, donde está ubicado el Objeto Volador No Identificado.

"Si es un objeto en forma de lápiz, si es una mantarraya que no corresponde a las formas ordinarias y comunes de las aeronaves, es un OVNI, aunque el piloto lo reporte como tráfico, ya que él mismo lo está reportando en una forma mesurada, hay una técnica de comunicación que se utiliza para reportar este tipo de objetos. No se usa la frecuencia como el teléfono, hay un código, hay parámetros para comunicarse y además dada la naturaleza y la calidad de la comunicación se da un tiempo entre el piloto y Centro México.

"Tengo tráfico, se está cruzando a una velocidad sorprendente". '¿Qué es?' 'No, no es avión, no tenemos información de tráfico ahí, bueno pues es un objeto raro que cruzó conmigo y no fue avión'

"Así son las comunicaciones en que se reporta un OVNI.

"El piloto sabe perfectamente bien lo que se ve, y el controlador no puede verlo sino a través de los ojos del piloto, él sabe que está allí y en la madrugada se ven objetos que solamente los que trabajan de noche los van a ver, pero yo los detecto a través del radar, a veces los veo pero no se reportan y allí queda".

¿Alrededor de cuántos OVNIs juntos has visto en la pantalla de radar de Centro México, sobre la Ciudad de México?

"Esta serie de observaciones han despertado mi interés por este tema, fue hace muchos años en el área del Ajusco, al este de Toluca exactamente, en donde una serie de 15 objetos estaban volando en forma, a manera de un patrón pero realmente no tenían eco primario después de las dos de la mañana, no había vuelo para esa área, estaban volando ahí, y el controlador aéreo de la Torre los tuvo a la vista, lo mismo que yo los detectaba en el radar, esto fue en el año de 1991, un compañero mío fue testigo de este hecho, aquellos objetos no sabíamos si se movían, tampoco sabíamos si subían o bajaban, lo que si sabíamos es que se estaban moviendo hacia la izquierda en un patrón que abarcaba las 15 millas o sea, en 15 millas había 15 objetos separados más o menos por una milla entre cada uno volando hacia la izquierda como si estuvieran haciendo un carrusel o un círculo dando vueltas, pero no era un círculo propiamente.

"Fue entonces que le preguntamos a la torre de Toluca qué estaba pasando, que si tenían tráfico, porque podrían haber tenido a alguien allí haciendo prácticas de noche, y nos dijeron que no, que no tenían a nadie, que efectivamente, esos aviones o tráficos ellos los veían como luces y se preguntaban entre sí 'oye, esas cosas van a aterrizar aquí', nosotros al igual que tú estamos viendo esas cosas y no sabemos que son, fue cuando dijeron ¡ah caray!, entonces ellos lo comunicaron a la comandancia del aeropuerto, en la comandancia también vieron los objetos y se hizo un reporte.

"Esa fue la primera vez que a mí me tocó tener contacto visual mediante el radar con estas cosas, luego más recientemente me invitaron a ver unos videos de una persona que no recuerdo su nombre y quien tenía una puntería extraordinaria para filmar objetos sobre el aeropuerto, cuando a mí me tocó ver los objetos que él logró filmar (tiene un video con más de 40 objetos), este señor me llevó a su casa para que viera desde dónde los filmó. Estos objetos pasaron sobre el aeropuerto, y aquí es donde, como te he comentado anteriormente, te vas a dar cuenta de que estamos hablando de un fenómeno extraordinariamente raro y a gran altitud.

"La distancia directa desde la casa de este señor a la torre de control del aeropuerto es de 3 millas y media y yo tuve a la vista la casa de este señor con los binoculares desde la torre de control. La casa estaba en Ciudad Neza hacia el sur del aeropuerto, y siguiendo la dirección hacia donde los había filmado, en el ángulo en que los filmó, como tenía la cámara, estaban pasando prácticamente en una línea entre o sobre el aeropuerto, de los volcanes hacia el área del Nevado de Toluca cruzando por la trayectoria de las pistas, pero fueron vistos y captados por una cámara más de 40 objetos volando, ni siquiera en un forma ordenada, como lo hacen los Blue Angels, unos se movían, otros se aceleraban, otros se atoraban, en fin todas las cosas que te estoy platicando fueron filmadas, porque fueron vistas a simple vista y al ser detectadas por el radar, quiere decir que son enormes en tamaño y que estaban sumamente altas, porque estaban arriba de los 40,000 pies (12,000 metros) que es el parámetro que tenemos nosotros. Al no registrarlo quiere decir que están por encima de los 40,000 pies y si la gente los está viendo quiere decir que una aeronave a 30 o 35 mil pies se ve como un puntito, la determinas por la condensación que está dejando a su paso.

"Si tú sabiendo eso, ves un punto un poquito más grande de lo que lo determinas como un punto y lo filmas, pues estamos hablando de cuatro o cinco veces el tamaño de un avión.

"Y si no está detectado por el radar es que está por encima de los 40,000 pies (12,000 metros) y no teníamos mas de 40, ahora en la pantalla de radar solamente esto que te comento del 91. Y cuando reportaron un ser extraterrestre que fue filmado allá en Metepec, Estado de México, a raíz de esa observación que tuvo la gente en ese momento, nosotros también la tuvimos desde la Ciudad de México, al mismo tiempo lo tenía detectado Toluca, y Metepec está a 5 minutos aproximadamente de Toluca (5.3 millas de Toluca) se veía como un punto en la pantalla, y en esa semana hubo una serie de avistamientos en la pantalla en otro lugar cuyo nombre no recuerdo en este momento y la pantalla de radar se salpicó hasta con 15 o 17 objetos, los cuales fueron ubicados por el controlador quien apuntó la situación e hicimos un reporte y finalmente fuimos a verificarlo en helicóptero por medio de una empresa que se dedicó a hacer la investigación al respecto y que ubicó que habían huellas en la Tierra de 7 blancos que vimos en la pantalla, coincidían con huellas en el suelo, esa es la situación que me ha tocado ver en la pantalla de radar, pero en películas o videos que hablan del aeropuerto o pasando por el aeropuerto entonces allí si como profesional desde que yo chequé el punto donde fueron filmados y el ángulo desde donde los filmaron, evidentemente estaban pasando en una línea al sur del aeropuerto o sobre el aeropuerto hacia el Nevado de Toluca, viniendo del área de las Pirámides, en ese ángulo así se movían en esa dirección en repetidas ocasiones entonces ya te podrás dar una idea, estamos hablando de cuarenta mil pies o más".

¿Qué cree usted que son estos objetos?

"Son objetos, si son tráficos, te diré que son desconocidos, el tráfico desconocido que cabe en la clasificación también OVNI. ¿Qué es un OVNI? Es un objeto volador no identificado por su forma, por su velocidad, no identificado por como se conduce, y sigue comportándose como tráfico, es un tráfico desconocido, y OVNI, Objeto Volador No Identificado precisamente porque no se compara con nada de lo que conocemos, pero eso lo va a ver el piloto, para tu servidor en forma de concepto de trabajo es un tráfico desconocido, porque constituye parte de un tráfico aéreo del que yo no tengo control".

¿Cuál es la actitud de las autoridades mexicanas aeronáuticas sobre el tema?

"Ninguna, entre apatía y/o completamente ignorante del tema y ridiculizable en su momento por la condición, de ninguna importancia, no está en sus prioridades, no está en tomar en serio el tema para nada ni las aeronáuticas ni cualquier otra, ni en casos en los que haya habido emergencia como en caso de un avión en el que no se levantó investigación, ni se nos preguntó nuestra opinión ni declaración al respecto, porque hay un elemento ajeno, porque no hubo control para hacer las cosas o sea en la ingerencia de la trayectoria de una aeronave. Si en un caso de éstos en que una aeronave se declara en emergencia y se demuestra que tuvo un golpe, no tuvieron interés, pues eso demuestra que no les interesa en lo más mínimo, son apáticos simple y sencillamente lo archivan y ya.

"Y si es que alguien se procura archivarlo, porque lo más probable es que lo desechen".

¿Qué porcentaje de técnicos en control aéreo, avalarían la existencia de los Ovnis, como un fenómeno desconocido?

"Hablando del personal de control de tráfico aéreo, un 80% creen en la existencia de los OVNIs, el otro 20% es entre gente escéptica que sería el mejor grado y otros a los que no les interesa, influye mucho que tú seas testigo de ellos por eso se modifica mucho el carácter y su forma de ver las cosas cuando tú eres directamente el afectado, cuando tú eres el testigo de un evento de esta categoría es cuando te cambian las cosas, pero hay personas que no han visto nada en su vida y tampoco les ha tocado ver nada en el radar, ese 20% de los que sí han visto y no les importa y de los que no creen. Entre ellos mismos está ese número de controladores, pero la mayoría sí están conscientes de que hay algo que está volando alrededor de nosotros, es un porcentaje muy grande".

¿Sólo los aviones civiles o de línea reportan Ovnis a Centro México?

"No, toda clase de aviones, los privados, ejecutivos, los oficiales también los reportan, los últimos reportes de aviones oficiales, por ejemplo aviones que van en alguna maniobra o en algún evento en aviones comerciales, civiles, en aviones comerciales ejecutivos privados, pero jamás me ha tocado escuchar que un avión militar reporte un OVNI.

"Yo estoy seguro de que han visto muchas cosas, porque generalmente lo dicen los aviones oficiales, están equipados para detectar aviones ilícitos, traen radar a bordo y esos radares detectan aeronaves ilícitas cuando se están moviendo, por eso saben dónde andan, conocen las salidas de otros aeropuertos, entonces ellos han visto ecos que tienen poderes de ascensión endemoniados en donde el registro que tienen y que yo desconozco qué tipo de radar usan, han visto objetos que han ascendido a 15,000 o 20,000 pies en segundos.

"Ellos se preguntan ¿qué es esto? ¿Ya viste? Estaba volando debajo de nosotros y de momento se fue a 38 mil pies, estamos hablando de segundos.

"Esto ha pasado en varias partes de la República en donde haya estado volando la aeronave, si está volando en Chiapas ahí lo va a detectar, si está volando en Chihuahua ahí lo va a detectar, estos avistamientos son de aviones oficiales. 'Oiga, tengo tráfico a las tres, esto es ficticio ¡eh!' y yo respondo: 'No, no tengo indicación de tráfico en la zona', o en su defecto te dicen lo que están viendo".

¿Han existido situaciones de peligro entre aviones y OVNIs?

"Si, ha habido varias: en esa semana en la que golpearon una aeronave de Aeroméxico, como unas 7 peligrosas y como 15 incidentes, como las aeronaves ATR-42, LEARJET, 727s, DC-9ES, etc."

¿Ha habido en alguna ocasión algún tipo de comunicación?

"Ha habido en forma indirecta como en el caso del muchacho de Chimalhuacán que se fue a Acapulco, (aquí el Sr. Enrique Kolbeck hace referencia al caso del piloto Rafael Pacheco, quien a bordo de una avioneta tipo Cessna 172 con matrícula XB-ZOX despegó del aeropuerto de la ciudad de México, para realizar maniobras de toque y despegue en la zona de Chimalhuacán, lugar localizando al oriente del aeropuerto, perdiéndose en la pantalla de radar, creyéndose que el piloto hubiese tenido un accidente, posteriormente se recibió una llamada del puerto de Acapulco relatando que el piloto había dado un largo mensaje en una frecuencia que se le había designado para dicho fin, y que supuestamente el mensaje era dado a los seres humanos por una supuesta raza extraterrestre, la cual se encontraba en una nave estacionada a gran altura sobre el puerto de Acapulco). Ese es el único caso, que yo recuerde, que en México haya sucedido y que por medio de un elemento humano como ese señor se puso a dar una especie de consejo al mundo de cómo debe el ser humano tratar a su Tierra pero de allí en fuera que tu escuches una conversación de algo que desconoces y ves en la pantalla, que te diga yo soy... yo vengo... no, para nada.

"Este caso causó revuelo en su tiempo, no creo que sea él único en el mundo, no estoy seguro pero creo que en Estados Unidos, y en Europa ha pasado, que ha habido personas que han estado en algún caso similar.

"Fue este caso rarísimo entre la incertidumbre que causa, y el miedo que también causa estas desconocidas acciones o circunstancias, la gente tiene miedo. A mí en lo particular cuando yo veo estas cosas yo ya estoy acostumbrado a verlas pero también me causan miedo, por la interacción que pudieran tener o han tenido. Eso lo desconocemos yo no soy de la idea de que vengan en buen plan porque no se meten contigo, eso creo que no es cierto, es una tontería, no se meten contigo porque a lo mejor quieren que te des cuenta de lo que están haciendo pero de que están aquí eso es un hecho, nadie se mete a la casa de nadie nada más para ver que tal vives, o sea eso no es lógico ese no es un proceder racional.

"Yo hablo de que pensando racionalmente, bueno, quiere decir que esto obedece a una razón y esa razón que desconocemos tan pronto la descubramos vamos a tener una evidencia inmediata de que eso está pasando porque ya los hemos visto, raya a veces en el descaro de que estos elementos estén volando acá y que no puede ser que esto sea una ruta turística o qué, no hay necesidad de entrar a la atmósfera para esto".

¿Por qué la Fuerza Aérea Mexicana no intercepta OVNIs como lo hacen en otros países?

"Sin que el comentario sea peyorativo es que nuestra fuerza aérea no está desarrollada, nuestra fuerza aérea no es una fuerza aérea que tenga la capacidad de hacer intercepciones, como otras fuerzas aéreas, las prioridades y las personas que están al mando, por ejemplo, los OVNIs no les interesan, creo yo que tal vez haya un arreglo entre gobiernos para que cuando caiga un objeto raro en nuestro México, llegue a llevárselo otro país del mundo para que trate de desarrollar una actividad de investigación de dicho objeto, esto podría estar por allí en algún arreglo entre países, que si llegase a caer un objeto volador raro se le entregue aunque no tenga las posibilidades, instalaciones equipo y personal calificado para dicho trabajo de investigación".

¿Desde qué año tienes información, de que se detectan estos objetos en el espacio aéreo mexicano?

"En lo personal tengo informes de la detección de este tipo de Objetos Voladores No Identificados desde el año de 1991, como profesional, pero en la escuela en 1975 con el caso de Carlos Antonio de los Santos y el caso de Rafael Pacheco de 1976, pero a partir del 91 yo puse interés porque los vimos.

"En lo personal he visto luces nocturnas, la experiencia más reciente fue hace como 8 meses en 1999, la cual fue en el estacionamiento del Centro de Control México, al ir a abordar mi carro para dirigirme a mi casa, junto con ocho compañeros que habíamos terminado el turno de trabajo, pudimos observar en el cielo 2 objetos con un lapso de tiempo de 40 segundos uno de otro aparecieron del área del suroeste al noroeste y cruzaron exactamente por encima del aeropuerto, pero muy altos y cuando subimos a preguntarles a nuestros compañeros si habían visto algo en el radar, nos dijeron que no habían visto nada en las pantallas, estos objetos pasaron arriba de los 40,000 pies (12,000 metros) vimos algo irregular a una velocidad endemoniada recorrieron prácticamente 80 grados del firmamento en segundos, tardaron 40 segundos de que vimos el primero para que pudiéramos observar el segundo.

"Eran de color azul cobalto y se apagaron exactamente encima del aeropuerto, fue algo extraordinario, estaba completamente despejado, de esas noches raras. En un principio pensamos que era un satélite por la rapidez con que se movían e hicimos comentarios alusivos al momento, unos dijeron es un avión, no es un satélite, por favor si no voy a saber como es un avión y en ese momento se apagó, pregunté cuál avión no apareció más, y el otro fue exactamente igual este segundo, pasó paralelo al primero separado unas 20 millas, y cuando eres testigo de un hecho así más aparte lo que me ha tocado ver en la pantalla de radar debes de tomar esto con seriedad, no se puede bromear al respecto por lo menos a mí me preocupa, porque evidentemente eso está ahí ese fenómeno no fue una estrella fugaz, yo tengo la experiencia adecuada para calificarlo, simplemente algo raro pasó".

¿Qué opina del gran objeto alargado que se videograbó hace algunos años al norte del Aeropuerto Internacional de la Ciudad de México?

"Ese objeto era extraordinariamente espeluznante, ese objeto debió llamar la atención tanto de profesionales

Los Testigos de Élite 403

de la aviación, como de las autoridades, un objeto de esa magnitud, ese fenómeno de esa magnitud se encontraba en la distancia por encima del horizonte a unos 5 o 10 grados en distancia del observador, estamos hablando de unas 30 o 40 millas, para que eso sucediera el objeto era de magnitudes endemoniadamente grandes y además estaba circundado por una serie de objetos que deberían haber estado haciendo algo, porque volaban en desorden y esto ocurrió a unas 20 o 30 millas del aeropuerto o sea que este objeto debe haber estado ubicado en el área de Apan o Pachuca, Hidalgo y fue visto desde el aeropuerto.

"Estamos hablando de un objeto o de un fenómeno enorme que fue visible a esa distancia; ¿por qué digo esto?, porque en la experiencia que a mí me toca en la observación que tengo de aeronaves de muchos años, el observador que desde donde lo tomó estaba a una distancia de 5 millas al suroeste del aeropuerto, un lugar situado entre el Palacio de los Deportes y Tlalpan, en el ángulo de la observación esta situación no nada más me llamo a mí la atención, también le llamó la atención a la NASA y a personal especializado en aeronáutica en los Estados Unidos, cuando pidieron referencias dijeron que esto no debería de volar era una especie de 'chorizo' amorfo que además se movía y que se encontraba iluminado y esto fue tomado a las 12 del día, como fenómeno atmosférico está completamente fuera de los parámetros establecidos, fue un garbanzo de a libra que alguien pudiera filmar, amén de que alguien lo pudiese haber visto desde abajo, pero hasta la fecha no hay reportes de alguien que lo hubiese visto, pero eso es impresionante, es algo que está fuera de todo contexto aeronáutico esa 'línea' en el aire no debería de estar sustentada, aerodinámicamente hablando, por el tamaño, era como una especie de gusano volador, me pregunto que es eso, translúcido además de que tenía luces en el interior estamos hablando de una aeronáutica muy avanzada en el mundo.

"Yo no conozco algo de esas magnitudes, ha de haber tenido cientos de metros, tal vez kilómetros de largo. Para poder haber sido visible desde tal distancia la persona que lo videograbó no le dio la importancia que tenía este objeto, parecía una cobra en el cielo, y luego, conforme va retrayendo el zoom de la cámara se percata de que hay muchos más objetos en el cielo, ya no tomó o enfocó a ese objeto mayor, no sé si posteriormente lo volvió a ver y cuando quiso tomarlo ya no pudo, pero eso tenía que estar volando, era un objeto impresionante, quien quiera que se precie de sensato y tenga pequeñitos o modestos conocimientos aeronáuticos puede darse cuenta que la aerodinámica de eso no le permitiría volar."

Los Autores

ALFONSO SALAZAR MENDOZA

Nació en la Ciudad de México el 18 de septiembre de 1962. Estudió la carrera de Técnico en Aviación en el periodo de los años 1985 a 1987, en la Escuela "Aerocapacitación", obteniendo la Licencia de Mecánico en Aeronaves, Especialidad en Motores y Planeadores, ante la Dirección General de Aeronáutica Civil de México. Profesionalmente ha trabajado para las compañías aéreas más importantes de México.

Es investigador del fenómeno OVNI desde el año de 1974. Su primera incursión en la radio sobre el tema OVNI fue en la radioemisora XEW. Con el transcurso de los años sido entrevistado en prácticamente todas las emisoras de radio de la ciudad de México entre las que destacan: Radio Ondas del Lago, XEQ, XEDF, Radio Mil, XEAI, Radio Cañón, Radio Educación,

XEX, Radio Trece, 98.5 Radioactivo, Radio Red, Radio Centro, Radio ABC.

Participó en varias emisiones en el programa de Televisión Azteca "En busca de lo desconocido", programa televisivo que estuvo al aire en el año de 1997. Ha sido colaborador de las revistas; *Reporte OVNI*, *Contacto OVNI*, *Aeronáutica* y la española *Enigmas*.

Sus artículos publicados han sido referentes en su mayoría a encuentros de aviones y OVNIs, así como investigaciones sobre aterrizajes de OVNIs en varias partes de México (Cerro del Tenayo, cerro del Chiquihuite, valle de Chalco, etc.).

Fue participante en el Primer Congreso Internacional sobre el Estudio de Objetos Voladores No Identificados, realizado el 25, 26 y 27 de agosto de 1995 en la Ciudad de México, con la Ponencia "Aviones caza interceptan OVNIs en todo el mundo".

Ha escrito dos libros, el primero *OVNI estrellado en Puebla*, siendo una recopilación hemerográfica y con relatos de las personas que estuvieron en la zona del choque de un OVNI en ese estado en el año de 1977; el segundo, *Encuentros de OVNIs con aviones*, fue una recopilación de persecuciones y encuentros de aviones militares de todo el mundo, desde 1940 a mediados de 1990, ambos libros se encuentran agotados.

Ha sido también coconductor y comentarista por seis meses en el programa radiofónico "El enigma de los OVNIs", en las estaciones XEAI, XEDF, en transmisión nacional e internacional.

Actualmente trabaja en AVIACSA, como mecánico de flota.

Es miembro activo de CIFEEEAC (Centro Investigador de Fenómenos Extraterrestres Espaciales y Extraordinarios A.C.), como asesor en temas aeronáuticos.

Invitado también por el investigador del fenómeno OVNI Sergio Ruiz, participó en varios programas de "Tempranito 2000", en la sección de OVNIs transmitido por Televisión Azteca del Canal 13.

En diciembre de 1999 intervino en el III Congreso Mundial del Fenómeno OVNI llevado a cabo en Acapulco representando a México con la Ponencia "OVNIs y Aviones". De igual manera participó y colaboró en el programa radiofónico "A ver qué sale", conducido por el astrónomo Jorge Rubí. Durante el año 2000 ha intervenido en varias ocasiones en el programa del periodista Jaime Maussán "OVNI, un Fenómeno Inteligente", en Radio ABC.

CARLOS ALBERTO GUZMÁN ROJAS

Nació en la Ciudad de México. A la edad de diez años, durante la oleada de OVNIs que aconteció en México, en el verano de 1965, se inicia su interés por el fenómeno OVNI. En ese tiempo, las noticias periodísticas que se sucedían a diario le motivan a documentarse y a iniciar sus investigaciones sobre los OVNIs.

Asiste al Primer Congreso Internacional del Fenómeno OVNI en Acapulco, en abril de 1977, entrando en contacto con renombrados investigadores del tema OVNI. Escribe para algunas revistas internacionales sobre el tema OVNI, como: la española *Stendek* y la chilena del Centro de Investigaciones en Cohetería y Astronomía de Santiago de Chile, así como la desaparecida revista mexicana *Contactos Extraterrestres*.

Realiza sus estudios profesionales en la Universidad Nacional Autónoma de México, recibiéndose como Licenciado en Administración de Empresas, realizando posteriormente una Maestría en Administración en la Universidad de las Américas. Su actividad profesional se ha desarrollado en importantes empresas transnacionales.

En 1991 es invitado a formar parte del panel que sobre el tema OVNI presentó el 19 de julio el conductor del programa "Usted qué opina", Nino Canún, que fue transmitido en vivo. Por el interés inusitado de su audiencia, éste bate récord de permanencia al aire con un tiempo de 11 horas y 10 minutos. Dicho programa fue retransmitido en otras dos ocasiones. En radio, también es invitado a formar parte de mesas redondas para hablar del fenómeno OVNI, como "Diálogos sin máscara, temas al descubierto", que condujo la periodista Elizabeth Ojeda en Radio ACIR, programas que se llevaron a cabo en forma regular entre 1991 y 1993.

En 1991 asistió al Congreso Internacional celebrado en Las Vegas, Nevada, Estados Unidos. En 1992 es invitado nuevamente a formar parte del panel que sobre el tema OVNI presenta Nino Canún en su programa "Usted qué opina". En julio de ese mismo año es entrevistado por las dos cadenas más importantes de habla hispana de los Estados Unidos de América, Telemundo y Univisión.

Asiste regularmente a los Simposium Internacionales que organiza la MUFON (Mutual UFO Network), establecida en Texas, EUA, una de las organizaciones más grandes y completas que investiga el fenómeno OVNI a nivel mundial.

En julio de 1996, es el primer especialista mexicano que se presenta en el prestigiado Simposium que la MUFON organiza anualmente en los Estados Unidos de Norteamérica. De 1993 a julio del 2000 es Director de Estado para la Ciudad de México de la referida organización.

En 1996 publica su primer libro titulado *Testimonios OVNI*, editado por Plaza & Valdés. En este libro reúne por primera vez los puntos de vista de los más destacados investigadores y estudiosos del fenómeno OVNI en México.

Ha dado conferencias sobre el tema en diversos foros; poseyendo una de las más completas bibliotecas sobre el tema OVNI en el país. Es Director General del CIFEEEAC (Centro Investigador de Fenómenos Extraterrestres, Espaciales y Extraordinarios, A.C.), una de las organizaciones más serias y con más tradición en la República Mexicana fundado en 1969.

Entre marzo y octubre de 1997, ofrece sus puntos de vista sobre el fenómeno OVNI en la serie televisiva "En busca de lo desconocido", que se transmitió por los canales 13 y 7 de la televisión mexicana. Durante el primer semestre del año 2000 aparece en el programa "Tempranito 2000", realizando comentarios sobre notas del fenómeno OVNI.

Publica en 1998 como coautor el libro titulado El *OVNI de las Lomas ¿Verdad o Mentira?*, que es muy bien recibido por la comunidad Ufológica Internacional.

En agosto del 2000, es promovido por la MUFON a ocupar la posición de Director Nacional para la investigación OVNI en México.

Visita Santiago de Chile en enero del 2001, donde es recibido por el General Ricardo Bermúdez Sanhuerza, Director de la Escuela Técnica Aeronáutica, ahí conoce del interés oficial del Gobierno de Chile por el estudio de los fenómenos aéreos anómalos que dieron origen a la creación de un comité oficial denominado CEFAA, con personal especializado en diversas ramas de la ciencia avocados al estudio del fenómeno OVNI en la República Chilena.

TÍTULOS DE ESTA COLECCIÓN

Clonación ¿El Futuro de la Humanidad? *Varios*
Diccionario de Sueños Eróticos. *Solomon L. Gold*
Diccionario Gitano de los Sueños. *Raymond Buckland*
Diccionario Máximo de los Sueños. *Eili Goldberg*
El Continente Perdido de Mu 1. *Col. James Churchward*
El Continente Perdido de Mu 2. Los Hijos de Mu. *C. J. Churchward*
El Continente Perdido de Mu 3. Los Símbolos Sagrados. *C.. J. Churchward*
El Libro Completo de los Vampiros. *N. Jackson*
El Temible Mal de Ojo. *Marco Antonio Gómez Pérez*
Esoterismo. *Fortune Dion*
Fantasmas, Leyendas y Realidades. *Varios*
Fragmentos Originales del Necronomicón. *Marcelo Bigliano*
Historias de Vampiros. *Nancy Kilpatrick*
La Atlántida. *J. M. Allen*
Las Más Famosas Leyendas de la Mitología. *Robina Fox*
Las Profecías de Nostradamus.
Las Profecías de Nostradamus y Dicccionario.
Las Profecías del ¿Juicio Final?. *Varios*
Los OVNIs y la Aviación Mexicana. *Guzmán / Salazar*
Los Sueños. *Morfeo*
Los Sueños y sus Símbolos. *Marie Coupal*
Origen y Significado de los Nombres Propios. *G. Velázquez*
Relatos Verdaderos de Fantasmas. *Varios*
Ritos y Mitos de la Muerte en México y otras Culturas. *Gómez / Delgado*
Síndrome del Contactado. *Guzmán / Gómez / Domínguez*
Tiempo de Hienas. *Nestor Medina*
Tu Escritura, Quién y Cómo Eres. *Carmen Alfonso*